AF592296

Sivard de Beaulieu.

Essai sur la multiplication des poissons.

ESSAI

SUR

LA MULTIPLICATION DES POISSONS

Par les Méthodes naturelle et artificielle ;

DE SON APPLICATION SUR LES CÔTES ET DANS LES RIVIÈRES DU DÉPARTEMENT DE LA MANCHE ;

Par M. G. SIVARD DE BEAULIEU.

L'Association normande a déjà publié divers articles sur l'éducation du poisson, et, à mon retour des Vosges, en 1850, j'ai donné dans l'Annuaire une Note sur la fécondation artificielle. L'Association est heureuse de pouvoir publier un intéressant Mémoire de M. Sivard de Beaulieu sur les mœurs des truites ; Mémoire publié par l'auteur en 1851, mais trop peu connu, et qui mérite d'autant plus l'attention que les observations consignées dans ce Mémoire ont toutes été faites par l'auteur lui-même et qu'elles sont de la plus grande exactitude.

(Note de M. de Caumont.)

Introduction.

Si l'art d'élever et de propager les poissons est resté jusqu'à présent négligé et presque ignoré en France, il n'en a pas été de même chez les étrangers qui, depuis long-temps, se sont occupés de cette matière avec tout l'intérêt qu'elle mérite. Les anciens possédaient à ce sujet, et sur les habitudes de ces animaux, des connaissances plus étendues que les nôtres. Pour s'en convaincre, il suffit de lire Aristote ou Pline ; mais il est nécessaire, avant tout, de dépouiller leurs récits du merveilleux dont ils semblent se plaire à les environner. C'est en 1849 seulement, que MM. Gehin et Remy, pêcheurs à la Bresse, arrondissement de Remiremont (Vosges), par l'heureuse application qu'ils ont faite de la fécondation artificielle, sont parvenus à attirer l'attention du gouvernement et du public.

Des éloges, des encouragements leur ont été décernés à juste titre pour cette idée, dont probablement eux-mêmes n'ont pas tout d'abord apprécié l'importance.

La découverte de la multiplication des truites et des saumons par la fécondation artificielle ne peut leur être attribuée, car elle remonte à près d'un siècle, ainsi que l'atteste un Mémoire que j'ai entre les mains; mais ils n'en ont pas moins le mérite d'avoir, en la tirant de l'oubli, rendu un service signalé.

Le Mémoire dont je parle, écrit en allemand, fut remis en 1758, à Dusseldorff, à M. de Fourcroy, alors directeur des fortifications de la Corse, par M. le comte de Golstein, grand chancelier des duchés de Bergues et de Juliers. M. de Fourcroy le traduisit en français et l'envoya au savant Duhamel du Monceaux; Duhamel l'inséra dans son grand Traité des pêches, auquel je renvoie ceux qui voudraient en prendre connaissance. (Duhamel, *Traité des Pêches*, 1er vol. de la 2e partie, section 2, pages 209, 210, etc.) On y verra, tout au long, la description du procédé suivi par MM. Gehin et Remy; il y est, en outre, question d'autres expériences dont l'application mériterait l'attention des hommes éclairés, à cause des résultats dont elle est susceptible.

Pour en donner une idée, je citerai ce seul fait, qu'il est possible d'obtenir de truites ou de saumons femelles, morts, ayant même subi un commencement d'altération, des œufs encore doués de la faculté d'être fécondés par la laitance d'un mâle dans le même état. Tant la nature a de sollicitude pour la conservation des espèces !

Dans quelle admiration, dans quelles profondes pensées un esprit sérieux et élevé n'est-il pas plongé à la vue d'un pareil phénomène, qui non-seulement nous découvre la sagesse infinie de l'Éternel, mais encore nous fait entrevoir des applications qui, généralisées, pourraient devenir une source d'avantages matériels pour l'homme!

Beaucoup de personnes s'étonneront peut-être de me voir faire autant de cas d'un sujet qui, jusqu'à présent, avait été jugé si peu digne d'intérêt ; elles traiteront sans doute ces recherches, ces observations, de choses puériles ou futiles. Et cependant on admire des hommes qui, traversant les mers, se vouent aux plus grands dangers, aux plus dures privations, pour ne rapporter souvent de leurs longs voyages que des objets de fantaisie, de mode ou de simple curiosité, tels qu'une plante rare, dont l'utilité et la beauté sont parfois fort contestables, des animaux destinés à servir uniquement de distractions à l'enfance ou à l'oisiveté ; sans penser que parmi nous ou tout à côté de nous restent ensevelies dans l'oubli des choses dignes de tous nos soins : tels sont les poissons de nos lacs, de nos rivières et de nos mers.

On se plaint depuis long-temps, avec juste raison, de leur rareté de jour en jour croissante sur nos côtes, qui, peuplées jadis de leurs innombrables légions, répandant, non-seulement au sein des populations riveraines, mais encore dans l'intérieur, l'abondance et la prospérité, peuvent à peine aujourd'hui suffire aux exigences d'une seule ville. Si, d'une part, la race humaine s'accroît ; de l'autre, celle des poissons, l'un de ses principaux aliments, diminue.

Où sont ces magnifiques pièces si communes autrefois? Elles ont presqu'entièrement disparu, ou, s'il s'en présente quelqu'une, c'est à un prix exorbitant qu'elle entre dans la consommation. Au lieu de bars (1) d'un mètre de longueur, vous ne voyez figurer, la plupart du temps, sur nos marchés, que de chétifs individus, d'une valeur presque nulle. Il en est de même des plies, des turbots, etc. Le surmulet (2), regardé comme le meilleur poisson de nos côtes, devient de plus en plus rare.

Que diraient nos pêcheurs, s'ils apprenaient qu'en 1750, en Angleterre, sur la Ribble, un seul coup de filet amena 3,500 saumons, dont plusieurs avaient deux mètres de longueur (3)?

Quand on contemple les causes de destruction qui menacent les races aquatiques (je ne parle ici que des causes provenant du fait de l'homme), la puissance des moyens employés contre elles, on se demande comment il est possible que nos mers et nos fleuves ne soient pas épuisés.

Nos pêcheurs ne semblent-ils pas, en effet, prendre à tâche de préparer leur propre ruine en éludant sans cesse les sages ordonnances des gouvernements? Ils pêchent en toute saison, sans égard pour le temps du frai; leurs filets,

(1) Le bar (*perca labrax* ou *lupus*) n'est autre que le fameux *lupus* des Romains. Sur les bords de la Méditerranée, où il abonde, il porte encore son ancien nom.

(2) Le surmulet (*mullus, surmuletus*), célèbre par les extravagances des Romains, qui, pour le voir figurer sur leurs tables, n'épargnaient rien. (Voir Martial, Pline, Suétone, qui rapporte que trois mulles furent payées 5,844 francs de notre monnaie, ou 1,948 sesterces. Un sesterce équivaut à 3 francs.)

(3) Fait rapporté par l'ichthyologiste Bloch.

à mailles trop serrées, détruisent d'incalculables quantités de jeunes individus à peine éclos, l'espoir de la pêche future. Viennent ensuite les dessèchements de marais et d'étangs, dont plusieurs, communiquant avec la mer ou les fleuves, servaient de retraite à une foule de poissons, soit en hiver, soit au temps de la ponte ; la canalisation des rivières, les portes de flot, les navires à vapeur qui, effrayant certains poissons de mer ou de rivière, notamment les saumons, les forcent d'abandonner nos parages.

Il n'est pas jusqu'aux plus faibles ruisseaux que les gens de la campagne ne dépeuplent à l'aide de la chaux vive.

A la vue de tant d'abus, on ne peut s'empêcher de penser qu'un remède est urgent, et l'on apprécie alors toute la valeur d'un procédé qui, comme celui de la fécondation artificielle, semble destiné à réparer un mal aussi considérable.

A mon avis, cette découverte précieuse, appliquée jusqu'ici exclusivement à la truite *(salmo fario)* et au saumon, peut être étendue à beaucoup d'espèces du même genre, à plusieurs truites étrangères, au lavaret, à l'umbre chevalier *(salmo umbla)*. Ce dernier, qui se trouve dans le lac de Genève, est préféré de beaucoup à la truite, et acquiert plus d'un mètre et demi de longueur ; il se vend à des prix fabuleux. On en cite de gros, vendus 300 francs pièce à Paris ; les autres, de taille moyenne, valent de 25 à 30 francs, même à Genève. Le lavaret est célèbre par la délicatesse de sa chair ; pourquoi ne tenterait-on pas quelques essais dans le but d'enrichir nos rivières et nos lacs de leur acquisition ? Ils vivent dans les mêmes eaux que la truite.

Lors même que la fécondation artificielle ne pourrait

s'appliquer qu'aux seuls poissons du genre salmone, ce n'en serait pas moins une excellente découverte; mais l'idée de MM. Gehin et Remy est, si je puis m'exprimer ainsi, un jalon destiné à diriger son application sur d'autres genres, en tenant toutefois compte des différences qu'emportent leurs habitudes, les lieux où ils sont placés spontanément, leur manière de frayer, la nature des eaux au sein desquelles ils se livrent à cet acte, etc.

Mon intime conviction est que, parmi les poissons osseux, il en existe un grand nombre auxquels la fécondation artificielle est applicable; que la seule difficulté à vaincre ne consiste qu'à trouver les positions et les circonstances favorables dans lesquelles les œufs fécondés doivent être placés pour éclore.

S'il en est ainsi, la fécondation à l'aide de poissons morts, et même à demi-putréfiés, est destinée à acquérir une haute importance. Avec elle, il deviendra possible de doter notre pays d'espèces exotiques précieuses, en les y naturalisant, ainsi que cela se pratique pour les végétaux.

Est-il rien de plus digne d'occuper les pensées et les méditations, je ne dirai pas seulement du naturaliste, mais de l'homme d'État et de tous les amis de leur pays?

Parmi les habitants du département de la Manche, il en est un grand nombre qui, par la position de leur domicile, leurs lumières, leur goût pour l'observation, sont plus à même que les autres de se livrer aux recherches réclamées par le sujet que nous traitons; c'est à eux surtout que je m'adresse. Qu'ils mettent la main à l'œuvre avec persévérance et sagacité; ils y trouveront, sinon le succès, du moins une étude pleine de charme et d'intérêt.

Observations sur les mœurs et les habitudes de la truite (*salmo fario*).

Ce qui va suivre n'est autre chose que l'exposé de mes recherches et de mes propres observations ; j'ai cru devoir leur consacrer ici quelques lignes, espérant qu'elles pourraient ne pas être tout-à-fait sans intérêt pour ceux qui désireraient tenter des expériences.

Je poserai d'abord ce principe : que pour entreprendre avec succès la naturalisation d'un animal quelconque, il est indispensable d'avoir préalablement acquis toutes les notions possibles relativement aux conditions d'existence et de reproduction dans lesquelles la nature l'a placé ; autrement, les peines que l'on prendra seront perdues.

C'est pénétré de cette vérité que, depuis environ douze ans, j'ai entrepris une série d'observations sur les truites.

Afin d'être à portée d'observer commodément et avec suite, j'en introduisis quelques-unes dans un ruisseau voisin de mon habitation ; elles descendirent immédiatement, et allèrent rejoindre beaucoup en dessous une petite rivière formée par plusieurs cours d'eau, ce que j'attribuai à ce qu'elles manquaient d'espace. Je fis alors élever de place en place de petits barrages fort rapprochés les uns des autres ; elles ne cherchèrent plus à s'échapper, mais n'y frayèrent pas. Je fis détruire un barrage sur deux, de manière à augmenter la distance qui les séparait, et à occasionner ainsi un courant rapide dans la partie supérieure de la nappe formée par chacun d'eux. Depuis ce temps elles fraient, mais toujours regagnent peu à peu la petite rivière à mesure qu'elles grossissent, de sorte que leur nombre n'augmente pas sensiblement.

Ayant plus tard entouré la cour de ma maison d'un fossé ou canal circulaire, de deux mètres de profondeur en certains endroits, sur une largeur de quatre, je lui donnai environ deux cents pas de longueur, et l'alimentai à l'aide d'un mince filet d'eau, capable de devenir cependant assez considérable et très-impétueux pendant la saison des pluies; j'y plaçai des truites.

Leur accroissement fut très-rapide, mais elles ne multiplièrent point, parce que l'embouchure du ruisseau avait été disposée de façon à les empêcher de le remonter. Je fis disparaître l'obstacle l'année suivante, aux approches de la saison du frai, et le remplaçai par une chute d'eau de $0^m,40$.

Le 10 novembre, de grandes crues, occasionnées par les pluies d'automne, vinrent transformer mon filet d'eau en un vrai torrent. M'étant placé de manière à bien observer, je ne tardai pas à voir deux grosses truites franchir, l'une à la suite de l'autre, la cascade, et remonter avec une facilité merveilleuse le courant qui, à partir de son entrée dans le canal jusqu'à une distance d'à peu près cent pas, se précipitait en ligne droite avec une extrême violence, sans offrir un seul point de repos. Cependant elles s'y tenaient souvent immobiles des heures entières, puis, tout-à-coup, avec la rapidité d'une flèche, se transportaient à une grande distance en amont. D'autres les suivirent, s'arrêtant comme elles dans les endroits les plus rapides et les plus pierreux, tantôt réunies plusieurs ensemble, tantôt seules. J'ai cru remarquer que les mâles passaient d'une femelle à l'autre, remontant ainsi tout le cours du ruisseau.

La pesanteur spécifique des œufs, supérieure de beaucoup à celle de l'eau, fait, qu'aussitôt pondus, ils tombent au fond, où ils sont arrêtés dans les interstices des pierres dont il est jonché, et constamment nettoyés par le courant, de manière à ce qu'aucune matière étrangère ne puisse s'y attacher, ce qui est un point important ; car si la vase venait à les recouvrir, ils perdraient leur faculté reproductive. C'est ce qui arrive à tous ceux qui, se trouvant trop près de l'embouchure, sont entraînés dans le canal ; ils n'y éclosent pas, parce que le courant étant très-faible en cet endroit, à cause de la plus grande largeur de la nappe d'eau, ils se trouvent ensevelis dans les vases qui s'y amassent.

Je conclus de là que des truites renfermées dans un étang privé de courant, y fraient peut-être, mais toujours sans résultat.

La saison du frai ne finit qu'en janvier ; les œufs éclosent vers la fin de mars et pendant tout le mois d'avril. Les jeunes poissons, attachés d'abord par le ventre à leur œuf, s'en séparent bientôt et choisissent pour résidence quelque endroit où l'eau soit tranquille ; au bout de trois semaines, ils sont assez vigoureux pour lutter contre des courants assez forts, ce qui n'empêche pas les grandes crues de les entraîner en partie dans les endroits où l'eau est moins rapide, tels que les étangs qui se trouvent en aval. C'est ainsi que mon fossé s'est trouvé, ces deux dernières années, peuplé d'une multitude de jeunes poissons.

Lors de la montée des grosses truites, j'avais eu soin de faire bien étancher, le long du ruisseau, toutes les issues par où elles auraient pu s'échapper. C'est surtout pour les jeunes que cette précaution est indispensable. Comme elles cherchent sans cesse à se garantir de la trop grande force du courant, elles se tiennent sur les bords ; s'il s'y trouve la moindre issue, la moindre saignée, on peut être assuré qu'elles la suivront et que l'on en perdra ainsi une grande quantité.

Avant l'âge de trois mois les truites n'ont point de taches rouges ; mais on les reconnaît à la présence de la nageoire adipeuse que, comme tous les poissons du genre salmone, elles portent entre la dorsale et la caudale.

Ce n'est qu'à l'âge de deux ans et huit mois seulement qu'elles commencent à pouvoir reproduire leur espèce. Pour m'assurer de ce fait, j'en ai ouvert plusieurs de un an et huit mois ; j'ai trouvé des ovaires, mais dénués d'œufs et de laite : c'était cependant le moment du frai.

Désirant me faire une idée de la rapidité avec laquelle les truites croissent, j'ai pris le plus exactement possible quelques mesures que je présente ici :

	mètres.	Différ. mètres.
Une truite de huit jours avait en longueur.	0,024	
Une idem de un mois.	0,028	
Id. de un an.	0,117	
		0,061
Id. de deux ans.	0,178	
		0,042
Id. de trois ans.	0,220	

La truite de deux ans avait, dans sa plus grande hauteur, à partir de la base du premier rayon de la dorsale à la partie antérieure des nageoires ventrales, 0m,037 ; celle de trois ans, 0m,048. — Différence, 0m,011.

On voit que la croissance de la truite, pour le moins aussi rapide que celle de la carpe, ne l'est cependant pas autant qu'on le croit généralement.

Sa voracité semble s'accroître avec elle ; sans égaler celle du brochet, elle n'en est pas moins extrême. J'ai fait engloutir à une truite, de grandeur moyenne, trois grosses grenouilles, sans qu'elle ait paru rassasiée. Une autre avala devant moi quarante-huit hannetons. Elle était plus grosse que la précédente.

Ce qui prouve que quand on veut avoir des truites de grande taille, il faut en mettre peu dans le vivier et les nourrir très-abondamment. Comme elles n'épargnent pas même leur propre espèce, les bords des viviers seront garnis d'herbes épaisses ; les jeunes savent fort bien s'y mettre à couvert, et, au bout de trois ou quatre mois, elles évitent très-adroitement leurs compagnes plus âgées. Je me suis aperçu cependant que, malgré leur adresse, elles se laissent quelquefois saisir, de sorte que le mieux serait d'avoir un petit vivier particulier où l'on en mettrait, autant que possible, pendant trois ou quatre mois, et même un an.

Les truites sont souvent victimes de leur avidité. J'ai eu occasion de m'assurer, à ce sujet, d'un fait assez singulier : c'est que la salamandre terrestre, vulgairement appelée mouron, est un poison mortel pour elles.

Tous les ans, à la même époque, au temps des grandes chaleurs, j'en apercevais de mortes sur les bords du canal. Je voulus savoir à quoi tenait cette espèce de mortalité ; elle ne pouvait provenir de l'altération de l'eau par l'élévation de la température. S'il en eût été ainsi, toutes les autres eussent également péri. Mon jardinier s'étant avisé d'en ouvrir une qu'il avait recueillie, nous trouvâmes dans son estomac deux salamandres terrestres entières. Le lendemain, même observation : il en fut de même sur plusieurs autres ; elles avaient l'estomac plus ou moins garni de salamandres terrestres. Toutes les fois que j'ai jeté un de ces reptiles dans le vivier, il est mort une truite, dans l'estomac de laquelle on le retrouvait.

Il est d'ailleurs une manière infaillible d'obtenir la preuve de ce que j'avance : En coupant la queue ou un membre à un mouron et le jetant ensuite aux truites, s'il en meurt une, en l'ouvrant on le trouvera. Le côté extérieur du fossé s'élève en surplomb au-dessus de l'eau ; il est couvert de ronces, de bruyères et d'herbes qui servent de refuge à quantité de salamandres terrestres, qui, rampant durant les nuits chaudes et humides parmi ces broussailles, s'approchent des bords du canal dans lequel elles tombent, de la même manière que cela leur arrive dans les pots enfouis à fleur de terre le long des espaliers ; elles s'agitent pour remonter ; leurs mouvements attirent les truites qui les dévorent. En faisant aplanir cette berge, nul doute que l'inconvénient ne disparaisse. Si donc l'on fait construire un vivier, il sera bon de faire en sorte que les bords n'en soient pas trop à pic.

On devra aussi éviter les chutes d'eau verticales de plus d'un mètre, si l'on veut que les truites puissent les franchir ; passé cette élévation, elles ont beaucoup de peine à y réussir, et j'ai tous les jours la preuve devant les yeux qu'il leur est impossible de remonter une cascade de deux mètres. Dans ce cas, il arrive qu'au temps du frai, le besoin de se reproduire se faisant vivement sentir, ces animaux cherchent partout une issue qui les conduise à quelque courant ; leur premier mouvement est d'escalader la chute : fatigués d'efforts infructueux, ils descendent, sautent par-dessus les grilles du canal de décharge et s'échappent ; mais si l'eau roule simplement sur un plan incliné un peu raboteux, on jouira d'un curieux spectacle en les voyant remonter cette espèce de rapide avec fracas, quelque puisse être son élévation.

Beaucoup de personnes sont d'un avis contraire et prétendent qu'une cascade de trois mètres n'est pas un obstacle pour les truites. Ce que je puis assurer, c'est qu'ayant à une des extrémités de mon fossé une chute verticale d'une hauteur de deux mètres, je vois constamment ces poissons essayer vainement de la franchir ; ils s'élancent sur la face extérieure de la nappe d'eau, qui, trop mince pour les soutenir, les laisse passer au travers.

Construction des viviers destinés à la multiplication des truites.

Ces viviers, à mon avis, doivent être beaucoup plus longs que larges. Lorsque la masse d'eau dont on pourra disposer sera peu considérable, leur largeur ne devra pas dépasser trois ou quatre mètres. Il y aura donc peu de dépense à faire pour la chaussée. Le fond en sera soigneusement labouré à la bêche ou à la pioche, dans une épaisseur de 0m,32 au moins, quelle que soit l'imperméabilité du sol purgé de pierre, puis foulé fort ement, soit à la dame, soit, ce qui est bien plus expéditif, aux pieds de chevaux ou de bœufs que l'on y promènera. Ce travail est indispensable pour éviter les infiltrations. Il arrive même souvent que l'on est obligé de l'étendre aux bords, dans lesquels, autant que possible, on ménagera des excavations ; les truites s'y plaisent beaucoup. Il est essentiel de pratiquer sur le fond une rigole allant d'une extrémité à l'autre, et se jetant, à quatre mètres environ de la chaussée, dans un bassin d'environ quarante centimètres de profondeur sur un diamètre proportionné à la largeur du vivier ; on pourra même en ménager d'autres, d'espace en espace, le long de la rigole, qui aura 0m,15 de profondeur sur un mètre de largeur tout au plus. Les bords seront en talus. Le fond devra offrir une légère pente depuis l'entrée de l'eau jusqu'à la bonde, de la construction de laquelle on devra s'occuper avant tout. La grille du canal de décharge sera soigneusement placée et de dimension suffisante pour permettre l'écoulement, même des plus fortes eaux. J'engage, du reste, à consulter, pour tous les détails relatifs à la construction de la bonde et de la chaussée, l'excellent *Traité sur les Étangs*, de M. Puvis, ancien officier d'artillerie. (On le trouvera chez Mme Huzard, rue de l'Éperon, n° 7, à Paris.)

Mais il est, dans la construction d'un vivier destiné aux truites, une particularité si importante, que d'elle dépend tout le succès. Elle consiste à rendre le cours de l'eau qui alimente celui-ci, accessible en tout temps au poisson.

Lorsque la source se trouve sur la propriété même, il pourra le remonter à volonté dans toute son étendue ; mais, si cette source est située sur une propriété voisine, il sera nécessaire, pour l'empêcher d'y passer, de créer sur la limite un obstacle insurmontable, de telle nature que, même au moment des crues les plus considérables, il ne puisse s'obstruer et faire refluer l'eau de manière à nuire au voisin. Il est impossible d'établir des grilles qui seraient, à chaque instant, encombrées de feuilles et de terre.

Lorsque l'inclinaison du terrain est extrêmement forte, on pratique une cascade de deux mètres au moins de hauteur, on jette à l'endroit où elle tombe beaucoup de grosses pierres, de manière à ce qu'elles dépassent le niveau du ruisseau ; la cascade, se précipitant dessus, se divisera en petits filets d'eau et en pluie. On sera certain d'arrêter ainsi les truites. Mais toutes les situations ne prêtent pas à une semblable construction.

Dans le cas où il n'y aura qu'une faible pente et où le ruisseau sera lui-même petit, on le divisera en une grande quantité de saignées, que l'on ramènera plus bas au lit primitif; les truites seront forcées de s'arrêter en ce point, au-delà duquel elles ne trouveraient plus assez d'eau pour nager. Ce moyen m'a réussi; mais il n'est pas applicable à des cours d'eau tant soit peu considérables.

Empoissonnement.

Le vivier une fois construit avec les précautions que je viens d'indiquer, peut être empoissonné de deux manières: par la méthode que j'appellerai naturelle, ou par la méthode artificielle.

La première est praticable lorsque l'on peut se procurer facilement des truites dans les environs. Dans ce cas, il faut les prendre avant la saison du frai, et les choisir âgées d'au moins trois ans. Au mois d'avril suivant, le vivier sera peuplé de petites truites.

Si l'on ne peut s'en procurer qu'en les faisant venir de loin, la difficulté sera plus grande. On sait généralement qu'il est peu aisé de transporter en vie les truites d'un certain âge; ce n'est qu'en prenant mille précautions que l'on parvient à leur faire parcourir un rayon d'une lieue. On devra alors empoissonner avec des jeunes, d'un mois ou même moins. Je me suis assuré qu'à cet âge elles peuvent vivre très-longtemps dans un vase, sans qu'on soit obligé d'en changer l'eau, en ayant ainsi gardé souvent plus de vingt-quatre heures, au nombre de quinze ou vingt, dans un verre à boire, sans qu'au bout de ce temps elles paraissent en souffrir. On conçoit qu'avec la rapidité actuelle des moyens de communication, on puisse en effectuer le transport de lieux très-éloignés. Comme elles sont fort petites, un vase de médiocre capacité en contiendrait des centaines. Une condition est cependant nécessaire pour qu'elles arrivent à bon port : c'est que l'embouchure du vase soit fort large et non bouchée, mais recouverte seulement d'une gaze très-claire ; autrement, elles périraient en fort peu de temps. On les prend, au mois d'avril ou de mai, à l'aide d'un filet de gaze dans le genre de ceux dont on se sert pour les lépidoptères, mais plat, semblable à une raquette. Il faut les chercher sur les bords des petits ruisseaux, à fleur d'eau ; elles sont assez difficiles à voir : cependant un homme exercé à ce genre de chasse peut en prendre beaucoup en fort peu de temps. Il est vrai que cela nuit à l'empoissonnement des rivières ; mais dans un pays où l'on sait qu'elles doivent périr empoisonnées par la chaux vive, c'est autant de sauvé. Presque tous les poissons, dans le premier âge, partagent cette faculté de transport avec la truite. Peut-être serait-ce un moyen de parvenir à se procurer des espèces précieuses, dans le cas où la fécondation artificielle ne pourrait leur être appliquée.

Il existe dans le département des étangs à carpes qui conviendraient à la truite (1) ; mais un préjugé assez répandu s'oppose à ce qu'on les y introduise. Beaucoup de personnes se figurent que les carpes ne peuvent les souffrir,

(1) Et j'ajouterai: surtout au saumon, de ce qu'il recherche, pour se livrer à la propagation de son espèce, les eaux vives et froides, il faut se garder de conclure qu'il les préfère, pour sa résidence habituelle, à celles qui sont tièdes et dormantes. C'est à lui, surtout, que conviennent les étangs où les carpes, originaires des parties chaudes de l'Asie, acquièrent leur plus grand développement.

qu'elles leur livrent combat, les tuent en les frappant de leur queue, et qu'elles mangent les jeunes. Pour comprendre l'absurdité de cette croyance, il suffit de jeter les yeux sur la bouche de la carpe ; elle n'est pas fendue et n'a pas de dents. Ce poisson ne peut pas plus manger de truites que le bœuf ne peut dévorer de moutons. C'est précisément l'inverse qui a lieu : ce sont les truites qui dévorent les jeunes carpes. Cela est si vrai, que, dans certains pays d'étangs, on en met quelquefois, au lieu de brochet, dans ceux qui sont trop chargés de frai. La stupidité de la carpe est d'ailleurs proverbiale ; elle ne possède aucune arme offensive, tandis que la truite, dont la gueule est garnie de dents aiguës jusqu'à l'œsophage, est douée d'un instinct beaucoup plus développé et d'une voracité qui a quelque chose de féroce.

Exploitation.

La pêche des étangs destinés aux carpes et aux tanches se fait, en général, régulièrement de deux en deux, de trois en trois, de quatre en quatre ans. On en vend le poisson à des marchands, qui l'achètent en bloc et le transportent au loin dans des barriques ou des bateaux percés de trous.

Mais la truite n'est encore qu'un poisson de luxe, dont le prix est élevé : elle ne peut être transportée vivante ni subsister indifféremment dans tous les réservoirs.

Le marchand qui achèterait en bloc toutes les truites, je ne dis pas d'un étang, mais d'un vivier de quelque étendue, éprouverait indubitablement des pertes : une partie de son poisson serait avariée avant la vente.

Le mode d'exploitation doit donc être différent.

A mon avis, il doit être continu, de manière à ce que les

marchands puissent venir s'en fournir au fur et à mesure du besoin ; et si l'on tient à ne livrer que de la marchandise de première qualité, la pêche ne doit se faire que du 1er juin à la mi-octobre : passé cette époque, il faut cesser entièrement, à cause de la saison du frai, après laquelle les truites sont maigres et n'ont qu'une chair mollasse. Ce poisson ne peut donc paraître avec tous ses avantages pendant le Carême (1) sur nos marchés, ce qui est fâcheux. Ce temps étant le plus favorable pour la vente, il serait, selon moi, facile de remédier à cet inconvénient, au moyen de la castration, dont je vais dire quelques mots dans un instant.

Comme il faudrait pêcher au fur et à mesure des demandes, et que ces assèchements continuels fatigueraient beaucoup le poisson, on fera bien d'avoir un petit vivier réservé à celui que l'on voudrait vendre, et que l'on pêchera d'avance au filet dans le grand.

Les propriétaires d'étangs à cyprins ne cherchent point, en général, à élever de grosses pièces, parce qu'ils y perdraient ; mais, pour ce qui est de la truite, il me semble qu'il ne doit pas en être de même ; les individus de grande taille étant fort recherchés, on ferait bien d'en élever toujours quelques-uns.

Castration des poissons.

Il est incroyable qu'en France la castration, appliquée aux poissons, soit aussi peu connue. On la pratique depuis fort longtemps en Angleterre et en Allemagne (2) avec

(1) Le saumon est, au contraire, dans toute sa bonté à cette époque, puisqu'il ne fraie qu'au printemps.

(2) Il paraît, cependant, qu'aux environs de Metz, il est des étangs où elle est employée.

grand succès ; l'on prétend même qu'il y a, entre un poisson dans son état naturel et un autre de même espèce ayant subi cette opération, autant de différence qu'entre un poulet maigre et un chapon gras.

J'entends déjà crier à la barbarie ! Mais les poissons, êtres aux sensations obtuses, dénués de tout sentiment d'affection, sont-ils donc plus intéressants et plus dignes de pitié qu'un généreux coursier, qu'un fier et magnifique taureau ? L'homme trouve, cependant, tout naturel d'abâtardir, de déparer ainsi ces pauvres animaux. Je prétends que les poissons en souffrent très-peu, car, huit jours après, ils nagent et mangent comme d'ordinaire : il en meurt un très-petit nombre, et, si cela arrive, c'est que l'on a coupé le canal intestinal en même temps que les cordons spermatiques.

Jusqu'à présent, cette opération n'a été faite, à ma connaissance, que sur la carpe, laquelle, en très-peu de temps, acquiert un énorme embonpoint et une délicatesse bien supérieure à celle dont elle était douée auparavant : comme elle ne peut plus s'épuiser à multiplier, sa croissance en est accélérée. Il serait à désirer que l'expérience en fût faite sur quelques individus appartenant aux principaux étangs du département, à Vrasville et à Gattemare, par exemple, si renommés pour la beauté et l'excellence de leurs produits. On ne tarderait pas à se convaincre du profit qui résulterait de son application en grand.

Reste à savoir si la castration pourrait être tentée avec succès sur la truite et sur le saumon. Ces poissons meurent, il est vrai, très-promptement après leur sortie de l'eau, mais pas assez, cependant, pour qu'on ne puisse exécuter cette opération, qui, pratiquée par des mains exercées, n'exige que quelques minutes. Pour la truite, nul doute qu'elle ne la supportât parfaitement; elle est, malgré ce que l'on en peut dire, tout aussi robuste que la carpe; tant qu'elle est dans l'eau, elle peut éprouver, sans périr, toutes sortes d'accidents et de blessures. J'en citerai pour preuve quelques-unes de mon vivier, qui ayant, engagés dans le corps jusqu'au fond de l'œsophage, de gros hameçons arrachés aux lignes que parfois on leur tend, n'en ont pas moins des allures aussi vives que les autres et n'en sont nullement amaigries.

J'ai dit tout-à-l'heure que la truite ne pouvait paraître avec avantage sur les marchés, au temps du Carême, et qu'on ne la pêchait dans toute sa bonté que pendant quatre mois de l'année. Au moyen de la castration, elle pourrait être vendue très-avantageusement en tous temps, puisqu'elle conserverait toujours son embonpoint : nul doute que la délicatesse de sa chair, déjà si remarquable, n'en fût considérablement augmentée.

Des expériences devraient être tentées sur quantité de poissons d'autres genres, appartenant à nos rivières et à nos étangs; notamment sur le brochet, la perche et quelques-uns des poissons de mer dont l'espèce est stationnaire sur nos côtes.

Voici comment se pratique la castration :

On tient le poisson dans un morceau de drap mouillé, le ventre en haut; ensuite, avec un canif bien tranchant, dont la pointe est courbée en arrière, ou avec quelqu'autre instrument équivalent, on fend les téguments de la coiffe, en évitant avec soin de toucher aux intestins. Après avoir fait une légère ouverture, on glisse adroitement un canif crochu, avec lequel on la dilate depuis les nageoires pectorales jusqu'à l'anus ; ensuite, avec deux petits crochets d'argent qui ne piquent point, et à l'aide d'un assistant, on tient le ventre du poisson ouvert, on écarte soigneusement les intestins ; quand ils sont écartés, on aperçoit l'urètre et en même temps l'ovaire placé devant et plus proche des téguments. On prend ce dernier avec un crochet, et, le détachant, on le coupe transversalement avec des ciseaux bien tranchants. On enlève l'autre de la même manière, puis on recoud les téguments avec de la soie, en faisant les points de suture rapprochés les uns des autres.

On peut faire cette opération en toutes saisons ; la moins favorable est celle qui succède à l'époque du frai, parce que le poisson est alors trop faible et trop languissant. Le temps le plus commode est lorsque les ovaires de la femelle sont gonflés d'œufs, et ceux du mâle de laitance, car alors on les distingue plus sûrement des autres viscères qui sont situés près des vaisseaux de la semence.

Le saumon peut être gardé dans les étangs pendant environ deux ans ; mais, après ce temps, lorsque la saison assignée à ses semblables pour quitter les mers et remonter les fleuves est venue, il est extrêmement difficile de l'y conserver ; il cherche sans cesse à s'échapper. Je pense que la castration, en lui enlevant toute ardeur pour la reproduction, et probablement une grande partie de sa vigueur, pourrait être utilement employée, et qu'on parviendrait ainsi à le conserver, du moins dans les lacs ou les grands étangs, jusqu'à ce qu'il fût parvenu à toute sa taille, laquelle, comme on a pu le voir, devient très-considérable.

Quelques personnes, voulant éviter la castration, ont essayé, pour engraisser les poissons (et à ce qu'il paraîtrait avec quelque succès), de séparer les sexes, en plaçant les femelles dans un étang et les mâles dans un autre. J'avoue que, pour moi, j'ai plus de foi en la castration.

En effet, pour être séparées des mâles, les carpes et les truites femelles n'en sont pas moins, lorsque vient l'époque du frai, pleines d'œufs qu'elles sont obligées de rejeter ; elles doivent donc se fatiguer autant, à peu près, que si elles étaient réunies à ces derniers, qui, de leur côté, sont aussi gonflés de laitance dont il faut bien qu'ils se débarrassent. L'époque de la reproduction sera donc, pour ces poissons cloîtrés, un temps d'inquiétude et d'agitation, d'autant plus fortes peut-être que le vœu de la nature ne sera qu'imparfaitement satisfait. Nécessairement ils maigriront durant cette période.

Mais, quant au poisson castré, aucuns désirs, aucunes impulsions étrangères ne venant troubler la profonde quiétude dans laquelle il est plongé, il ne pense qu'à se livrer en paix à sa gloutonnerie naturelle. Or, qu'y a-t-il de plus propre à nourrir l'embonpoint qu'une telle vie ?

Nourriture des truites et des saumons dans les viviers.

Comme tous les animaux qui vivent de proie, les truites et les saumons sont solitaires et ne vont guère de compagnie ; hormis la saison du frai, ils s'évitent. Chacun s'assigne un canton, dont l'étendue est en raison inverse de la quantité de nourriture que produisent les parages où la nature les a placés. S'il y a abondance, le canton est petit ; c'est le contraire, s'il y a pénurie. Une rivière, un lac, un ruisseau ne peuvent donc en contenir qu'une quantité déterminée. C'est pour cette raison que j'ai dit qu'il fallait donner aux viviers destinés aux truites et aux saumons la plus grande longueur possible relativement à leur largeur ; plus cette première dimension sera étendue, plus il sera possible d'y mettre de ces poissons, dont cependant le nombre sera limité, aussi bien que dans l'état sauvage, par la quantité de substances nutritives dont ils pourront disposer.

On parviendra donc à en élever ensemble une quantité d'autant plus grande, qu'on augmentera davantage la somme des aliments, qui consisteront en substances animales mortes ou vivantes. Tout, du reste, leur est bon.

Lorsque les viviers sont voisins de l'habitation, il est facile de leur jeter les lavures de vaisselle et tous les restes qui, sans cela, seraient perdus, les intestins de volaille, lapins, etc., mais avec l'attention de les couper auparavant en morceaux; sans quoi ils n'y toucheraient pas. Les lombrics, les limaces, les grenouilles, etc., sont aussi fort de leur goût.

Dans le cas où ces viviers seraient éloignés, il y aurait avantage à préparer près des bords un endroit où l'on puisse, à l'aide d'animaux morts séparés en parties peu volumineuses, se procurer en abondance des vers de mouches, que ces chairs, entrant en putréfaction, attirent de loin : il s'y produit une telle quantité de vers, que l'on peut, avec une pelle, en jeter non-seulement assez pour nourrir les poissons, mais encore pour les engraisser. Ce procédé est employé en beaucoup d'endroits pour l'engrais des carpes et des tanches; c'est une ressource qui ne dure que pendant la belle saison. Du reste, l'époque du frai une fois venue, les truites n'ont presque plus besoin de nourriture, ne s'occupant que de frayer. Mais, aux mois de mars et d'avril, on doit les nourrir plus qu'en aucun autre temps de l'année, parce qu'elles sont alors affamées et épuisées, ne trouvant pour se sustenter aucun insecte.

Hypothèse sur le mode de génération des truites et des saumons, à l'état de nature.

Je ne donne ceci que comme une simple question à résoudre, une idée, résultat de certaines observations : je la soumets au jugement de mes lecteurs, qui l'apprécieront.

Voulant examiner de la laitance de truite, je pris un verre à pied, rempli à moitié d'une eau très-limpide ; j'y fis tomber quelques gouttes de cette liqueur, qui se précipita vers le fond et y demeura sous forme de flocons albumineux ; je laissai le tout en repos pendant un instant, et, voyant que le mélange ne se faisait pas, j'agitai avec une spatule, les flocons disparurent et le mélange eut lieu.

Or, lorsque l'on pratique la fécondation artificielle, c'est ainsi qu'on procède : on agite l'eau dans laquelle on a exprimé la laitance, et on jette le tout sur les œufs, qui se trouvent fécondés.

Si le poisson jetait la sienne dans une eau dormante, il arriverait ce qui s'est passé dans mon verre : emportée par sa densité, elle tomberait au fond, où elle demeurerait inerte, à moins que, par hasard, elle ne rencontrât quelqu'œuf. Mais le hasard est un mot que la nature ne connaît pas. Je conclus de ceci qu'une eau agitée et courante est aussi nécessaire à la laitance pour déterminer la fécondation, qu'aux œufs pour la recevoir. En effet, l'agitation violente sert à opérer le mélange intime des molécules fécondantes avec celles du liquide ambiant, qui devient ainsi lui-même, dans toutes ses parties, une sorte de liqueur spermatique.

Le courant est le véhicule au moyen duquel elle va porter la fécondation sur les œufs.

On peut donc considérer la masse liquide tout entière

d'un ruisseau contenant des truites mâles occupées à frayer, comme un courant continu de liqueur destiné à répandre la vie dans toute l'étendue de son cours, d'où il suivrait que la présence du mâle près des femelles ne serait pas nécessaire, puisque la fécondation aurait lieu à distance.

Ce que je viens de dire pour les courants d'eaux douces ne pourrait-il pas s'appliquer aux courants marins? Il est une foule de poissons qui les recherchent pour frayer. Ces immenses cours d'eau qui règnent sur nos côtes et au milieu des mers, n'auraient-ils pas aussi reçu cette mission, entre tant d'autres qui leur ont été dévolues par le génie qui commande aux éléments? Mais que sommes-nous pour vouloir pénétrer ainsi les ténèbres de la Création?

On a prétendu que les truites saumonées ou de mer étaient le produit du saumon et de la truite. Cette assertion tombe d'elle-même, puisque les truites fraient en novembre, et les saumons seulement au commencement du printemps. Il ne sera même jamais possible de tenter ce croisement par la méthode artificielle, les premières frayant à une époque à laquelle ces derniers n'ont encore que des œufs et des laitances à peine formés.

La nature, prévoyante en cela comme en toute autre chose, repousse les hybrides, et la preuve en est dans la stérilité qu'elle leur inflige.

Si, parmi nos départements maritimes, il en existe un qui soit favorisé sous le rapport des eaux, c'est bien celui de la Manche. Arrosé par de nombreuses rivières qui, sans être très-considérables, sont au nombre de celles que préfèrent les poissons de tout genre, renfermant de vastes marais, tels que ceux du Cotentin, ses campagnes sont en même temps sillonnées d'une multitude infinie de ruisseaux où se plaisent les truites. L'océan l'entoure presque de toutes parts ; le développement de ses côtes, depuis le Mont-Saint-Michel jusqu'aux Veys, est immense. Ces côtes étaient renommées autrefois comme merveilleusement poissonneuses ; on citait surtout celle de Saint-Vaast. Les rivières, les marais, les étangs, regorgeaient de magnifiques brochets, truites, saumons, carpes, anguilles, etc. Aujourd'hui tout cela a disparu devant le gaspillage et l'avidité des hommes : il s'agit de réparer. Détruire, rien de plus aisé ; mais réparer, c'est tout autre chose. Le gouvernement désire opérer le repeuplement des étangs, lacs et rivières de France ; à lui seul appartient l'initiative d'une aussi grande entreprise. Qu'il commence par exiger la stricte et sévère observation des lois sur la pêche ; autrement, il est inutile de rien entreprendre pour le moment : c'est par l'acquisition de données et d'observations exactes qu'il faut préluder. Les expériences sur l'application de la méthode artificielle ne nous manqueront pas ; mais il n'en sera pas de même de bonnes observations qui, difficiles principalement sur les poissons de mer, exigent une patience et une sagacité toutes particulières. Les observateurs judicieux et sûrs sont, à mon avis, plus rares qu'on ne le pense (1). Nos pêcheurs en feraient, sans contredit, d'excellents, s'ils n'étaient imbus d'une foule de préjugés impossibles à déraciner ; si, toutefois, parmi eux, il s'en ren-

(1) Il y a deux classes de savants, disait le célèbre de Haller : il y en a qui observent souvent sans écrire, il y en a aussi qui écrivent sans observer; on ne saurait trop augmenter la première ni peut-être trop diminuer la seconde. Une troisième classe est plus mauvaise encore, c'est celle qui observe mal.

contrait quelques-uns qui en fussent exempts, ce seraient des hommes fort précieux.

Les données sur les mœurs, les habitudes des poissons, sur la nature des milieux qu'ils habitent, une fois acquises, il sera temps de se livrer aux expériences relatives à leur propagation naturelle ou artificielle.

C'est alors qu'on devra y soumettre la carpe, le brochet, la perche, qui a dans la mer un de ses analogues, le bar, sur lequel il sera important d'en faire quelques-unes, surtout sur ce poisson mort ; car, si l'on réussissait, je ne verrais rien d'impossible à ce que l'on multipliât sur nos côtes le bar rayé de l'Amérique septentrionale, infiniment supérieur au nôtre par sa taille et la qualité de sa chair. Il est très-abondant sur les marchés de New-York, où l'on en voit très-fréquemment du poids de 60 livres.

Les paquebots à vapeur font la traversée de cette ville à Londres en 13 ou 14 jours. Ces poissons ne pourraient-ils pas, pris au moment du frai et embarqués aussitôt après avec certaines précautions, arriver assez frais pour que la fécondation artificielle pût être opérée avec succès sur leurs œufs? Reste à savoir s'ils s'accommoderaient de nos mers; c'est pourquoi il faudrait avant tout des observations exactes, faites dans le pays même, sur leurs habitudes, la température et la nature des eaux et des parages qu'ils habitent. Tout me porte à croire que leur naturalisation ne serait pas impossible. Les végétaux, les animaux terrestres de l'Amérique septentrionale réussissent, en général, sous nos latitudes ; pourquoi n'en serait-il pas de même du bar rayé et d'une foule d'autres poissons, tant de mer que d'eau douce?

Les cyprins dorés, vulgairement poissons rouges, ont

bien été apportés en 1611 de la Chine en Angleterre ; la carpe, elle-même, n'existait pas autrefois dans les parties septentrionales de l'Europe, où elle est si commune aujourd'hui. Il est connu que Pierre Marshal l'apporta en Angleterre en 1514 ; Pierre Oxen, en 1560, en Danemark, et qu'elle a été également introduite quelques années après en Suède et en Hollande. Il est donc évident que les poissons, aussi bien que d'autres animaux du globe, sont susceptibles de naturalisation.

Combien cette faculté n'est-elle pas augmentée, de nos jours, par l'application de la méthode artificielle ! Que d'acquisitions notre pays ne pourrait-il pas faire !

Ce n'est pas d'aujourd'hui que l'on a reconnu la possibilité d'élever des poissons de mer dans des viviers placés le long des côtes. Il en existe en Ecosse, en Prusse, etc. ; mais ils ne sont rien à côté de ceux que possédaient autrefois les Romains. Les historiens et naturalistes anciens nous ont laissé des descriptions faites pour en donner une idée gigantesque : le loup, qui est notre bar, et le mulle (notre surmulet) en étaient les habitants les plus estimés. Il n'était sorte de folies que les maîtres du monde ne se permissent pour en posséder ; et je ne terminerai pas sans engager mes lecteurs à parcourir les auteurs que j'ai cités plus haut. A leurs noms je joindrai celui du mordant et impitoyable Juvénal ; de Cicéron, qui appelle les graves sénateurs romains *proceres gulæ*, de ce qu'au milieu de séances importantes ils s'interrompaient souvent pour discuter longuement à quelle sauce on mettrait tel ou tel poisson que l'on devait manger entre collègues. Je ne conseillerais pas à nos représentants d'en faire autant : le *Corsaire* et le *Charivari* pourraient bien, dans ce cas, remplacer Juvénal et Cicéron.

REPEUPLEMENT DES COTES.

Mon but n'est point ici d'entreprendre l'histoire naturelle des poissons de nos côtes ; traiter un pareil sujet après les Cuvier, les Lacépède, les Geoffroy-St-Hilaire, les Bosc, les De Blainville, serait, de ma part, plus qu'une témérité. Tout le monde sait, d'ailleurs, qu'un membre de l'Institut, M. Coste, s'occupe de travaux importants sur la pisciculture. Je désire seulement appeler l'attention sur les moyens de remédier au dépeuplement et à la dévastation auxquels elles sont en proie depuis longtemps ; dépeuplement tel, que si une main protectrice n'y vient mettre ordre au plus tôt, les nombreuses familles des pêcheurs ne tarderont pas à être réduites à un état misérable, et devront abandonner un métier désormais insuffisant pour les faire subsister. Les marchés de nos villes, déjà mal approvisionnés, resteront déserts, et un élément de commerce très-important se trouvera ainsi anéanti, précisément à l'instant où un chemin de fer va venir ranimer la circulation dans nos contrées, en leur offrant de prompts et faciles débouchés.

Jusqu'à présent les règlements, les ordonnances sur les pêches, n'ont été, malgré leur sagesse, qu'un remède insuffisant pour ce mal, soit à cause du peu de sévérité apportée à leur exécution, soit surtout en raison de leur manque d'harmonie avec les lois bien autrement sages du Créateur. Ce sera seulement en y introduisant cette harmonie que l'on parviendra au grand but que se propose le gouvernement français. A celui-là seul qui, par de profondes études de la nature, a su parvenir à la connaissance de ses secrets, appartient le pouvoir, non pas de faire des lois, mais d'établir les bases infaillibles sur lesquelles elles doivent de toute nécessité reposer.

C'est en consultant les savants naturalistes dont les noms font l'orgueil de la France, *et seulement alors*, que les économistes, pourront fonder quelque chose de sûr, de durable, et sortiront de la voie tracée par leurs devanciers. Que l'on y songe bien, le monde est aujourd'hui tout entier le domaine de la science.

En vain des prohibitions vexatoires viendront restreindre les droits de pêche, et même la pêche tout entière ; en vain les agents de l'autorité déploieront leur zèle et leur activité dans l'exécution de ces mesures ; en vain défendra-t-on le chalut, la seyne, etc., presque toujours les pêcheurs trouveront moyen d'éluder et de vaincre les obstacles qui leur seront opposés, car il s'agit ici de leur existence et de celle de leurs familles. Il faudrait, pour parvenir à faire exécuter la loi, un cordon de plus d'un million d'hommes, veillant jour et nuit le long des côtes de notre seul département. Par la destruction ou la confiscation de leurs filets, ira-t-on priver ces malheureux de leur principal instrument de travail et de subsistance ? Cela est impossible, et l'agent le plus sévère ne pourrait s'empêcher d'être ému à cette pensée.

Je serais d'avis que l'on se bornât plutôt à interdire la vente sur les marchés et même le débarquement des poissons n'ayant point la taille légalement requise pour chaque espèce ; que l'on condamnât impitoyablement le poissonnier trouvé en faute à une amende surpassant le profit qu'il aurait pu tirer de sa marchandise : cette mesure, exécutée avec sévérité, produirait, j'en suis certain, d'excellents résultats.

Mais il est, en outre, des moyens plus simples et encore plus efficaces de parvenir au repeuplement de nos côtes : c'est la science, c'est l'observation qui les indiquent à la pratique ; ils sont peu dispendieux, même pour un particulier. Nos rivages, que j'ai parcourus en grande partie, offrent plusieurs points favorables aux essais à tenter.

Le mode de multiplication des poissons de mer par la fécondation artificielle est encore, si je ne me trompe, un problême à résoudre, dans l'état actuel de la science. Il a été facile de l'appliquer aux poissons d'eau douce, qui sont toujours sous notre main, et que l'on peut aisément observer dans nos étangs et nos viviers. Mais que de difficultés pour les autres! Comment pénétrer les profonds abimes de l'océan pour découvrir leurs mœurs, le temps de leur fraî et la manière dont il a lieu? J'avoue que, pour moi, je recule effrayé à l'idée d'une pareille tâche, et c'est là, cependant, que doivent tendre tous les efforts. Mais le repeuplement à l'aide de jeunes poissons nouvellement éclos et pris à la mer nous permet heureusement d'arriver au but proposé.

Ainsi que je viens de le dire, nous possédons sur la côte plusieurs endroits où des essais pourraient être tentés avec succès ; je n'en doute pas.

Au premier rang, je mets l'étang de Gatteville et celui de Vrasville, les mares et larges fossés d'eau courante de Cosqueville et de Fermanville, la mare et l'étang de Nacqueville. La plupart de ces eaux ne sont séparées de la mer que par une étroite langue de sable, et l'on aurait la plus grande facilité à y faire entrer ou en faire sortir l'eau salée dans les proportions que l'on jugerait convenables, à l'aide de conduits disposés pour cela. Ces eaux appartiennent toutes à des propriétaires éclairés, zélés pour le bien public, qui s'empresseraient certainement de les mettre à la disposition d'hommes capables de tenter l'expérience, et cela à leur grand avantage par la suite; car, au lieu de ne posséder uniquement que des brochets et des carpes dont ils ne retirent pas grand profit, ils y verraient en peu d'années abonder toutes sortes de poissons précieux et de grande valeur, tels que plies, surmulets, mulets, saumons, etc. Ces étangs remplis, encombrés de poissons adultes, ce qui arriverait en peu de temps, on pourrait, en levant les clapets des essiaux à marée basse, en évacuer une partie à la mer, qui, si l'on pense à l'incroyable fécondité de ces animaux, se trouverait aussi bientôt repeuplée dans ces parages. Il est bien entendu qu'après cette émission la pêche devrait être interdite dans les environs, et l'application des réglements actuels maintenue avec sévérité.

Mais c'est à Cherbourg surtout que pourrait revenir le premier honneur de ces tentatives en faveur de l'humanité, si des essais non-seulement de multiplication par la voie naturelle, mais encore de fécondation artificielle, étaient tentés dans certaines parties isolées des fossés de l'enceinte et des bassins du grand port. En même temps on défendrait la pêche au filet dans toute la rade. Quelle immense quantité de poissons ne conserverait-on pas par cette mesure! Il y aurait presque de quoi repeupler les côtes du département.

Il serait à désirer que cette expérience fût confiée aux soins et à la sagacité des officiers du génie ou des ponts et chaussées, qui, habitués à poursuivre avec une patience infatigable les problêmes les plus difficiles, ne manqueraient pas, sans doute, de résoudre celui-ci d'une manière satisfaisante, à l'aide des documents que s'empresserait de leur fournir le muséum d'histoire naturelle de Paris, où un savant ichthyologiste, élève de Cuvier, M. Valenciennes, s'occupe activement de tout ce qui peut porter la lumière sur une matière si nouvelle encore.

Les essais de fécondation artificielle seraient faits dans des caisses grossièrement construites en bois blanc, et non en fer ou en zinc; dépense parfaitement inutile, ainsi que j'ai eu lieu de m'en assurer pour la fécondation artificielle des poissons d'eau douce. Ces caisses, d'une longueur de un à deux mètres, même plus, selon la quantité d'œufs que l'on pourrait se procurer, sur une largeur moitié moindre, devraient être munies d'un couvercle mobile en toile métallique; leurs côtés seraient criblés de petits trous de 0m001 de diamètre environ jusqu'à 0m10 du fond, qui serait plein. On les suspendrait ensuite comme des balances à des cordes partant des quatre coins, et se réunissant en une seule qui servirait à les mettre à l'eau ou à les en retirer. On les remplirait d'abord d'une couche de 0m 02 de sable fin, puis d'une autre de graviers et galets, couverts de leurs plantes marines; on les placerait dans un endroit situé de façon à ce que, dans les plus gros temps, elles ne pussent être bouleversées par les lames, et que même, à marée basse, elles fussent toujours à flot. Tout étant ainsi préparé, on se procurerait n'importe quels poissons de mer, pourvu que ce ne fussent pas des raies, chiens de mer ou autres poissons cartilagineux sur lesquels l'application de la fécondation artificielle est impossible, la reproduction chez ces espèces ovovivipares ayant lieu par accouplement. Il serait indispensable que les poissons sur lesquels aurait lieu l'expérience fussent vivants et au moment de frayer, c'est-à-dire ayant des œufs et des laitances sortant presque spontanément de leur corps; puis on tenterait l'opération de la même manière qu'on l'exécute sur les truites et les saumons. Voici comment on procède.

On prend un vase à fond plat, tel qu'un seau, une grande poêle, un baquet, selon la taille des poissons. On y verse environ 0^{m} 02 d'eau; puis, saisissant avec la main gauche une femelle par les ouïes, on exerce sur son ventre une légère pression en descendant avec le pouce et l'index de la main droite, depuis les nageoires pectorales jusqu'aux ventrales. Les œufs, s'ils sont bien mûrs, devront tomber alors presque d'eux-mêmes dans le vase. Lorsque le fond sera couvert d'une couche de 1 à 2 millimètres de ces œufs, on prendra un mâle de l'espèce, et l'on opérera sur lui de la même façon; la laitance, comme les œufs, devra, si elle est parfaitement en état de maturité, tomber semblable à du lait et presque d'elle-même. Dans le cas où les œufs des femelles exigeraient une pression un peu forte pour sortir, il faudrait remettre l'opération et déposer, en attendant, les poissons dans une grande caisse en bois, percée de trous, où ils pourraient vivre une quinzaine de jours, même un mois, sans trop souffrir, et disposée de sorte que l'on pût facilement y prendre ceux dont on aurait besoin pour les expériences.

Les œufs une fois fécondés, ainsi que je viens de le dire, on les laisserait reposer quelques instants; ensuite on les verserait dans les caisses garnies de sable, fucus et galets, de manière à ce qu'ils ne fussent pas trop les uns sur les autres et que le fond s'en trouvât garni également partout;

puis on mettrait les caisses à l'eau avec précaution ; après quoi tout se bornerait à une surveillance journalière, afin d'empêcher l'obstruction des petits trous et de la toile métallique du couvercle ; chaque espèce devrait avoir sa caisse séparée.

Mais il est temps de mettre la main à l'œuvre. Dans cinq ou six ans le chemin de fer viendra donner à Cherbourg une splendeur que cette ville n'eût jamais connue sans cela : la pêche deviendra alors pour elle une puissante ressource, si l'on s'est mis à temps en mesure de rendre à nos côtes leur ancienne richesse.

Pendant deux mois de cet hiver, j'ai parcouru de jour et de nuit, avec d'habiles et intelligents pêcheurs, les parages de Cherbourg, de Fermanville, de la Hague, et je puis assurer que je n'ai vu prendre presqu'aucun poisson d'une taille passable ou de quelque valeur ; que si notre marché est quelquefois assez bien garni, c'est aux côtes d'Angleterre qu'il le doit. Comment se fait-il que les rivages du département de la Manche, naguère si riches, soient si pauvres aujourd'hui ?

De la pêche au chalut.

Le chalut est un filet de forme conique, dont l'ouverture d'une largeur de cinq, sept ou dix mètres, quelquefois même de douze ou treize, selon la force du navire qui le remorque, sur une hauteur de un mètre environ, est bordée à sa partie inférieure par une ralingue garnie de plombs, laquelle est destinée à traîner sur les fonds, tandis qu'à la partie supérieure est une grande barre en bois qui nage entre deux eaux. Ce filet est traîné à la voile sur les fonds de sable ou de vase seulement, parce que sur les fonds rocailleux la barre pourrait s'engager.

La pêche au chalut est, je le reconnais, très-préjudiciable, en ce qu'elle bouleverse les fonds, arrache les herbes marines et, par conséquent, dérange les œufs qui s'y rencontrent. De plus, quoique les mailles de ce filet soient assez larges, il ne laisse pas de s'y engager quantité de petites raies, plies, soles, limandes, de la largeur d'une pièce de cinq francs, retenues par les herbes qui s'y trouvent amoncelées, et froissées par leur poids ou celui des matières de toutes sortes qui se rassemblent au fond du filet lorsqu'on le retire de l'eau.

Je ne trouve cependant pas cette pêche aussi nuisible qu'on le croit généralement, en ce qu'elle ne peut avoir lieu que sur certains fonds, tandis qu'elle est impraticable sur beaucoup d'autres ; la plupart de nos pêcheurs n'ont pas d'autre ressource pour gagner d'une manière assurée leur vie et celle de leur famille, de sorte que je serais d'avis de ne pas être trop sévère sur cet article et de se contenter d'interdire le chalut, seulement dans la rade et les anses voisines des lieux où l'on voudra multiplier les poissons.

La pêche à la grande seyne est bien autrement meurtrière, à cause de l'étendue des filets et de ses petites mailles : aussi ne devrait-on la permettre qu'à une certaine distance de la côte.

Parmi une des principales causes de la pauvreté de nos parages en fait de certains poissons, tels que les harengs, les morues, les maquereaux, je rangerai les grands filets avec lesquels les Dieppois barrent entièrement le Canal de la Manche à ses deux extrémités ; un seul navire en possède souvent une étendue de huit kilomètres. Ces filets, mis bout à bout, arrêtent en presque totalité les harengs et les maquereaux qui viennent pour entrer dans la Manche; à peine quelques-uns parviennent-ils à forcer le passage, de sorte que nous sommes privés de ce bienfait de la nature. Il me semble qu'il serait possible d'obliger les propriétaires de ces filets à laisser certains passages qui permettraient, au moins à quelques bancs, d'arriver jusqu'à nous.

Des huîtres et de la pêche à la drague.

La drague est encore un filet traînant dans le genre du chalut, mais beaucoup plus petit, puisque son embouchure n'atteint pas deux mètres de longueur; sa hauteur est d'environ 0m 30. Cette embouchure est formée, à sa partie supérieure, d'une barre de fer recourbée, rivée, à ses deux extrémités, à une lame de même métal, droite et tranchante, qui borde la partie inférieure et se dirige obliquement comme un soc de charrue, de manière à labourer et râcler les fonds où se trouvent les bancs d'huîtres. Ces mollusques, ainsi détachés, sont entraînés dans le filet, qui est remorqué, à l'aide d'une aussière, par un petit navire à voile.

La drague est assez nuisible en ce que, labourant les fonds comme une charrue, elle écrase ou ensevelit sous les pierres et la vase les œufs déposés dans les directions qu'elle parcourt. Mais, comme ses mailles sont très-larges, elle détruit peu de jeunes poissons.

Il serait cependant fort important pour la salubrité publique d'en interdire l'usage dans les mois de l'année pendant lesquels les huîtres, les moules et toutes les coquilles bivalves, en général, sont malfaisantes, c'est-à-dire en mai, juin, juillet et août : car si jamais dicton populaire fut vrai, c'est bien celui-ci :

Pendant les mois qui n'ont pas de R ne mangez jamais ni huîtres ni moules.

On ne sait en effet que trop, dans le département, quelles indispositions elles occasionnent à ceux qui en mangent pendant ces époques, indispositions quelquefois assez graves.

Je me suis appliqué, pendant le temps que j'ai passé à la mer, à rechercher les causes de cet inconvénient, et je ne doute pas un instant qu'elles ne soient dues aux œufs des aplysies et des astéries, surtout à ceux de l'astérie rouge (grande étoile de mer qui a quelquefois 30 centimètres de diamètre), dont les fonds sont, pour ainsi dire, pavés, même à plus de soixante brasses de profondeur.

En hiver, saison pendant laquelle les huîtres ont toutes les qualités qui les font justement apprécier, aucunes des astéries que j'ai ouvertes ne contenaient d'œufs ; elles étaient dures et fermes. Mais, vers la fin d'avril, elles en étaient tellement remplies, que leur substance tout entière en semblait composée. Cependant les huîtres continuaient à être de bon goût et saines. Mais, en mai, l'atmosphère commença à devenir moins froide. A dater de cette époque, ces œufs, lorsque l'on saisissait l'astérie, tombaient pour ainsi dire d'eux-mêmes ou à la moindre pression, sous forme de grappes gélatineuses, et si nombreux qu'après leur extraction l'animal semblait réduit à son test seul. C'est alors que mes pêcheurs et moi remarquâmes un singulier changement dans le goût et la qualité des huîtres, qui, de très-bonnes qu'elles étaient auparavant, laissaient alors dans la bouche un arrière-goût âcre et fort désagréable. Ces observations ont été principalement faites sur les grosses huîtres que l'on pêche à la partie ouest du pied de la Digue, du côté de la haute mer, lesquelles sont fort supérieures pour le goût et l'embonpoint à celles qui viennent des parages de Cap-Lévi, de Fermanville et autres lieux.

Depuis longtemps mes pêcheurs m'assuraient qu'il en était de même pour les poissons et les crustacés ; je voulus en faire l'expérience par moi-même, et je trouvai qu'en effet les soles, limandes, plies, homards, etc., pêchés sur les fonds de Cap-Lévi et de Fermanville, étaient généralement maigres, mollasses et doués d'un goût de vase détestable, tandis que ceux de la rade étaient excellents. Mais une chose digne de remarque, c'est que la qualité des poissons et des crustacés est d'autant meilleure que l'on se rapproche davantage des côtes de Bretagne. Le frai des astéries est connu des naturalistes comme doué de propriétés caustiques et vénéneuses. Il n'est pas étonnant que les eaux de la mer qui s'en trouvent chargées les déposent dans les coquilles bivalves ; celles-ci, en faisant sans doute leur nourriture, contractent leurs propriétés malfaisantes. On objectera qu'étant nuisibles pour l'homme, ces œufs doivent l'être également pour les animaux qui s'en nourrissent. A cela je répondrai que l'on rencontre tous les jours des substances qui, venimeuses pour certains êtres, servent à l'alimentation d'autres espèces, qui les recherchent au contraire avec avidité.

Une particularité bien remarquable est que l'on mange des huîtres à Paris, en tous temps, sans en être incommodé ; j'avoue que je ne puis encore expliquer ce fait.

Beudant a, dit-on, en opérant avec lenteur, fait vivre certaines espèces d'huîtres dans l'eau douce. Mais je ne pense pas que cela soit possible pour nos grosses huîtres et celles de Cancale, qu'elle fait enfler et mourir très-promptement.

C'est une véritable calamité pour les parcs à huîtres lorsqu'après de violentes pluies d'orage, l'eau douce y fait une irruption qui est signalée par les plus grandes pertes. Quant aux moules, elles peuvent vivre au moins dans l'eau saumâtre ; peut-être, en ce cas, serait-il possible d'atténuer jusqu'à un certain point leurs propriétés vénéneuses, en les plaçant dans des endroits qui n'auraient que peu ou point d'accès avec la mer.

Beaucoup de personnes s'imaginent que les accidents sont dus aux œufs mêmes de ces bivalves ; ce qui est une grande erreur, car ils sont vivipares. Rien de plus curieux que leur génération. Privés de la faculté de se transporter d'un lieu à un autre, attachés depuis le moment de leur naissance jusqu'à leur mort au même rocher, ils ne pourraient propager leur race, qui serait bientôt anéantie, si la sage nature ne les avait créés hermaphrodites, de telle sorte qu'un seul individu a la faculté d'engendrer et de mettre au monde des êtres semblables à lui. On voit alors sortir des bords du manteau une espèce de larme semblable à une goutte de gelée transparente. Si l'œil, armé de la loupe, examine cette larme, il apercevra au centre la petite huître toute formée et telle qu'elle sera plus tard ; le flot emporte cette goutte, qui se colle au premier rocher qu'elle rencontre.

Un habile observateur, M. Dutrochet, si je ne me trompe, a cru remarquer qu'elles étaient douées en ce moment de la faculté de se diriger, de manière qu'avant de se fixer pour jamais, l'animal pouvait au moins choisir la place où devaient se rencontrer les conditions nécessaires à son existence. Sectateurs du hasard, contemplez ces merveilles et soutenez donc votre dogme!

De la pêche aux hameçons.

Elle se pratique de diverses façons, dans le détail desquelles je regarde comme superflu d'entrer ici. C'est la moins nuisible de toutes les pêches, parce qu'il ne s'y prend guère que des individus d'une certaine taille et qu'elle ne dérange en aucune façon les fonds. Il en est de même de la pêche aux casiers, sorte de paniers destinés à prendre principalement les crustacés, tels que crabes, homards, langoustes, etc. Aussi bornerais-je à ce peu de mots ce que j'ai à en dire.

Nécessité d'une meilleure exploitation des algues et des fucus.

Je regarde la récolte des fucus ou varechs, telle qu'elle est pratiquée aujourd'hui, comme une des plus grandes causes de la destruction des poissons de mer.

Il est bien connu que si l'aménagement d'une vaste forêt se trouve confié aux caprices de l'ignorance et soumis à une exploitation irrégulière, cette source de richesses sera bientôt tarie.

Les fucus aussi, par leur réunion, forment d'immenses forêts sous-marines; pourquoi ne les soumettrait-on pas également à une exploitation régulière, conforme aux lois que la nature a tracées pour leur reproduction et leur conservation?

De même que nos forêts servent de refuge et d'habitation au gibier, de même les forêts d'algues et de fucus servent de retraite aux poissons ; c'est sur leurs frondes qu'à l'époque du frai ils viennent déposer leurs œufs, entre les rochers de la côte.

Quels dégâts ne doivent pas résulter de l'enlèvement continuel et journalier des plantes marines! Que de millions d'œufs les gens de nos campagnes n'enlèvent-ils pas ainsi par jour à la mer !

Les époques où cette récolte se fait le plus abondamment sont précisément celles auxquelles ces plantes sont sur le point d'émettre leurs gemmes et de se propager, de sorte qu'on semble avoir dessein de les faire disparaître, ce qui serait un grand malheur pour nos communes riveraines. Leur conservation est, à mon avis, tout aussi importante que celle des poissons : ces végétaux sont pour nos terres un puissant engrais ; ils fournissent aujourd'hui à la médecine, en produisant l'iode, des ressources inconnues naguère pour combattre de terribles maladies. C'est d'eux que vient la soude du commerce ; plusieurs espèces qui abondent aux environs de Cherbourg pourraient au besoin servir de nourriture à l'homme. La zostère, qui tapisse de vastes espaces du littoral, sert à fabriquer à peu de frais d'excellents matelas, qui, ce me semble, devraient être employés pour la troupe et les hôpitaux. Il faut bien, je le sais, que les terres soient fertilisées et engraissées ; mais ne pourrait-on réserver certains cantons où, du moins, les poissons trouveraient un asile pour eux et leurs œufs ? Quant à moi, je pense que la destruction des plantes marines ne contribue pas peu à éloigner de nos côtes les légions de poissons qui les couvraient autrefois ; si l'on s'occupe de la multiplication de ces animaux, il sera indispensable de prohiber en même temps, et dans les mêmes lieux, le gaspillage des varechs, ou du moins de le soumettre à certaines règles.

Voilà, certes, une question bien digne de l'attention du gouvernement.

L'homme, en présence des biens infinis que le Créateur a mis entre ses mains, ne ressemble-t-il pas à ce jeune enfant qui n'a rien de plus pressé que de gâter et de briser les jouets qu'une tendre mère lui a donnés pour ses plaisirs?

Je vais parler maintenant de deux espèces de poissons extrêmement remarquables, à l'acquisition et à la multiplication desquels nous devrions apporter tous nos soins : un succès certain attend ceux qui voudront tenter celle du premier, qui est le sterlet ou strelet.

Du sterlet.

Cette espèce appartient au genre acipenser ou esturgeon, de la division des poissons cartilagineux. C'est la plus petite du genre, car sa taille ne dépasse jamais 1m 50 ; son poids est de 4 à 5 kilog. Mais elle en est aussi la meilleure et la plus recherchée de toutes sur les tables des empereurs de Russie, des rois de Danemark et de Suède, auxquels ces contrées doivent son acquisition : car le sterlet est originaire de la mer Caspienne, d'où, comme le saumon, il remonte les fleuves pour y frayer au printemps. Il peut donc vivre dans l'eau douce; mais, pour qu'il y prospère, il faut que cette eau soit pure et abondamment fournie de petits poissons et de vers, sa principale nourriture : il multiplie énormément. Sa chair se sale et se conserve comme celle de l'esturgeon. On fait aussi avec ses œufs une sorte de caviar tellement estimée, que la Cour de Russie s'en réservait autrefois le monopole. J'ignore s'il en est encore ainsi aujourd'hui (1).

Si les Russes sont bien parvenus à l'apporter vivant de la mer Caspienne dans les lacs qui bordent la Baltique, s'il a pu être multiplié en Suède et en Danemark, je ne vois pas pourquoi il ne prospérerait pas également dans les lacs, canaux, étangs et viviers de la France. Quoique ce poisson appartienne à la division des cartilagineux, la fécondation artificielle pourrait peut-être lui être appliquée ; mais, en prenant quelques précautions, on le ferait venir par mer : il est infaillible que l'on réussirait très-facilement à se le procurer. Son transport par terre, à travers des déserts, de la mer Caspienne à St-Pétersbourg, était une expédition autrement ardue.

Cette espèce mérite notre attention. Par sa taille autant que par l'excellence de sa chair, elle est aussi recommandable comme masse que comme mets susceptible de paraître sur les tables les plus somptueuses. Avec quelle

(1) Le caviar ordinaire se prépare avec les œufs de l'esturgeon commun et du grand esturgeon (*acipenser huso*) ; il constitue seul la nourriture de populations entières. On en fait, sur les bords du Danube et de la mer Noire, des exportations considérables dans toute la Turquie et une partie de l'Asie. Combien ne serait-il pas à désirer de voir son usage introduit en France ! La préparation en est très-simple, et l'on en peut faire de tout aussi bon que celui des Russes avec les œufs de presque tous les poissons. C'est un aliment très-agréable et très-sain, car il jouit de propriétés anti-scorbutiques, qui seraient précieuses surtout pour les habitants de nos campagnes, chez lesquels un mauvais système d'alimentation tend à développer, outre mesure, le tempérament lymphatique, d'où résultent ces écrouelles dont on ne les voit que trop souvent atteints.

facilité ne pourrait-on pas se la procurer à Cherbourg, dont les navires vont et viennent sans cesse de France en Suède, en Danemark, en Russie. Dans le voisinage est l'étang de Nacqueville, où l'on pourrait tout d'abord l'introduire. Du reste, les environs de la ville fourmillent de lieux qui lui seraient favorables : ces poissons ne causent aucuns dégâts dans les étangs ; leur nourriture consiste en très-petits poissons et en vers qu'ils trouvent en fouillant la vase avec leur museau, qui est tout-à-fait semblable à celui du porc. C'est avec sa vessie natatoire et celle de l'esturgeon que les Russes fabriquent cette belle colle (ychtiocolle) dont ils ont encore le monopole.

De l'ophromène gouramy (*osphromenus olfax* de Commerson).

Le gourami appartient à une famille de la division des acanthoptérygens, appelée par Cuvier poissons à pharyngiens labyrintiformes, de ce que tous les individus qui la composent sont munis d'un appareil composé de nombreux feuillets excessivement compliqués, et situé sous le crâne, au-dessus des branchies.

(L'espèce dont je parle ici est des plus remarquables, et l'on voudra bien me pardonner les expressions scientifiques que je viens de me permettre, en faveur du sujet, qui est digne d'exciter la curiosité et l'étonnement des hommes les plus étrangers aux sciences naturelles.)

En effet, voici ce que dit notre grand naturaliste Cuvier :

« Cet appareil est renfermé sous des opercules bombés » et bien serrés contre le corps, en sorte que, même après » que le poisson est sorti de l'eau, celle qui est contenue

» dans ces petites loges ne s'évapore pas aisément, et, coulant sur les branchies, les empêche de se dessécher : aussi tous les poissons de cette famille, dont on a constaté les habitudes, jouissent-ils de la faculté de sortir des rivières et des étangs qui sont leur séjour ordinaire, et de se porter à d'assez grandes distances en rampant dans l'herbe ou sur la terre..... Le gouramy n'est pas moins remarquable par sa taille que par son bon goût ; il devient autant et plus grand qu'un turbot, et sa chair est délicieuse. M. Dupetit-Thouars en a souvent vu qui pesaient vingt livres, et il y en a de plus grands.

» Commerson déclare, dans ses manuscrits, n'avoir jamais rien mangé de plus savoureux, ni dans les poissons de mer, ni dans les poissons d'eau douce. Il ajoute que les Hollandais de Batavia nourrissent de ces poissons dans de grands vases de terre, renouvelant l'eau chaque jour, et leur donnant pour toute nourriture des herbes fluviatiles, et particulièrement celles du *Pistia natans* (1). Mais Dupetit-Thouars nous assure que les gouramys ne sont pas toujours aussi délicats ; et à l'Ile-de-France, dit-il, dans un vivier sur lequel donnaient des latrines, on les voyait arriver en foule pour dévorer les excréments à mesure qu'ils tombaient. »

C'est de Batavia qu'il fut apporté pour la première fois à l'Ile-de-France, d'où M. le capitaine Philibert l'a transporté à Cayenne. Depuis ce temps il a dû s'y multiplier.

(1) *Pistia natans* ou *Codopail*, plante aquatique de la famille des orchidées, selon Loureiro. Elle flotte sur les eaux et se trouve dans l'Amérique méridionale, aux Indes, en Cochinchine. Loureiro l'a décrite, dans sa Fore de ce pays, sous le nom de *Zala*. J'ignore s'il en existe de plusieurs espèces.

Sur cent individus, il n'en est mort que vingt-trois dans la traversée ; M. Philibert avait même réussi à en conserver un, qui périt en vue des côtes de France.

M. de La Cépède formait des vœux pour l'introduction de ce poisson dans nos rivières (il est uniquement d'eau douce), « et tout ami des hommes, disait notre savant compatriote, le voyageur naturaliste Bosc, devrait se joindre à M. de La Cépède. » Le gouramy, disait encore M. Bosc, parvient à cinq et six pieds de long ; son corps est très-comprimé et très-haut.

Il faudra voir ensuite, ajoute Cuvier, s'il est en état de supporter notre climat ; la chose ne serait pas impossible, s'il venait de Chine.

Comment, après ce que l'on vient de voir, après l'avis de tous ces illustres naturalistes, dont je viens de citer les paroles, ne pas tenter de nouveaux essais ? Je ne doute pas qu'ils ne fussent heureux, et que l'on ne parvînt bientôt à doter, non-seulement notre département, mais encore, à plus forte raison, les parties méridionales de la France, d'une espèce aussi précieuse.

Les poissons rouges ne sont-ils pas Chinois aussi ?

Vraiment on se sent emporté de dépit quand on songe que cet inutile jouet d'enfant est la seule espèce étrangère que nous autres Français ayons jamais songé, jusqu'à présent, à naturaliser chez nous !

Je soutiens que les nouveaux essais, pour naturaliser le gouramy, seraient, avec des précautions et des soins bien entendus, couronnés d'un plein succès. Je fonde ma prétention sur ce que, par une traversée favorable, il ne faut pas plus de trente-cinq jours pour venir de Cayenne à Cherbourg. Sur cent individus il en arriverait toujours bien la moitié en vie, en ayant l'attention de renouveler chaque jour leur eau, de les tenir dans les appartements du navire et non sur le pont, en s'y prenant de manière à ce que leur arrivée coïncidât avec les jours les plus chauds de la canicule. Du reste, quant à la nourriture et au traitement durant et après le voyage, rien de plus facile que de s'adresser, avant l'entreprise, au muséum d'histoire naturelle, qui s'empresserait de fournir les renseignements désirables.

Toutes choses, à leur arrivée, devraient être préparées pour les recevoir. Il ne manque pas, à Cherbourg, d'excellentes et vastes serres chaudes ou tempérées; on pourrait y mettre une ou deux de ces grandes cuves dont se servent les brasseurs, remplies d'une eau à la température de la serre; on y déposerait aussitôt les gouramys, et il est probable qu'ils s'y trouveraient bien. N'avons-nous pas vu que les habitants de Batavia les nourrissent dans de grands vases de terre? Ils passeraient ainsi l'hiver; puis, à la belle saison, on se hasarderait à en lâcher quelques-uns dans des bassins, dont l'eau continuellement exposée au soleil serait toujours tiède : peut-être alors reproduiraient-ils leur espèce.

A l'époque où l'on commencerait à remarquer quelque abaissement dans la température, on les rentrerait en serre. Quant aux jeunes, si l'on avait été assez heureux pour en obtenir, on tenterait hardiment sur eux les premiers essais d'acclimatation.

D'ailleurs, pourquoi ne pas tenter à Cayenne sur le gouramy des essais de multiplication par la voie artificielle? On enverrait les œufs fécondés en France; on les y ferait éclore dans une serre. Les œufs fécondés sont, comme on le sait, doués de la faculté de se conserver pendant des temps considérables, et par conséquent peuvent être envoyés sans danger à des distances énormes.

On conçoit facilement quels avantages résulteraient de cette naturalisation ; tout le monde voudrait avoir de ces poissons dans son domicile, le pauvre aussi bien que l'homme opulent ; on les y élèverait avec autant de profit que des porcs.

Il paraît qu'en outre ce poisson est fort beau ; il offre cette singularité que le deuxième rayon de ses pectorales s'alonge de chaque côté en un filament qui se termine à la queue de l'animal en forme d'éventail.

C'est à la même famille qu'appartient l'anabas, poisson dont le nom vient du verbe *αναβατνω*, je monte, je grimpe, parce qu'il a la singulière faculté de sortir de l'eau et de grimper le long du tronc des palmiers et autres arbres à feuilles engaînantes, dans les aisselles desquelles il se tient, plongé dans l'eau de pluie qui s'y est amassée comme en autant de réservoirs.

Du Mulet. — *Mugil capito* (Cuv.).

Nous possédons abondamment sur les côtes un poisson de la famille des mugiloïdes, de Cuvier, qui, par la structure de son appareil pharyngien, peut donner un peu l'idée de celui du gouramy. Comme chez ce dernier, ses ouïes, ou plutôt ses opercules, en se pressant contre son corps, ôtent toute issue à la sortie de l'eau renfermée dans cet organe, de sorte qu'il vit extrêmement longtemps à sec. C'est ce qui explique pourquoi on en rencontre si souvent de vivants sur les marchés. Quoique son séjour ordinaire soit la mer, il peut cependant vivre dans l'eau douce.

J'en ai tenté cet hiver l'expérience : en ayant mis un, que j'avais acheté au marché, dans un seau rempli de l'eau de la fontaine des Cavaliers, voisine de ma demeure, il y vécut pendant deux jours. Je comptais l'emporter pour le mettre à la campagne dans un vivier ; malheureusement, comme il était blessé et meurtri, soit par les filets, soit dans les paniers du marchand, il mourut.

C'est encore un poisson qu'on devrait essayer de propager dans les étangs. J'en ai tué à coups de fusil, pendant mes voyages, qui étaient de la même espèce que celui-ci (le mugil capito), et dont la longueur surpassait 0m 64, c'est-à-dire deux pieds. Sa chair est excellente avant qu'il ait frayé, ce qui arrive aux mois d'août et de septembre : alors il se rassemble en grandes troupes à l'embouchure des rivières, et les remonte à une distance assez considérable. Sa nourriture consiste en feuilles tendres de plantes aquatiques, telles que celles du potamot flottant (potamogeton natans), qui est très-commun dans tous nos étangs. J'ai pu m'assurer de ces faits pendant un séjour en Corse, sur les bords et à l'embouchure du Fium-Orbo, petit fleuve qui, traversant la pleine marécageuse et solitaire de Migliaccaro, vient se jeter à la mer près des ruines de l'antique Mariana, bâtie par Marius, non loin de l'étang de Diana, ancien port des Romains, dont les galères sont remplacées aujourd'hui par d'énormes et excellentes huîtres.

Déjà, dans une petite brochure que j'ai publiée en 1851, et que l'Académie de Cherbourg a bien voulu honorer de son approbation, j'ai fait un appel aux hommes éclairés, afin de les engager à seconder, par quelques essais, les généreux efforts du gouvernement pour propager et populariser l'application de cette belle idée : le repeuplement de toutes les eaux de la France par la voie de la multiplication naturelle ou artificielle des poissons tant indigènes qu'exotiques.

Je viens aujourd'hui réitérer cet appel.

Non, ce n'est pas pour le plaisir de créer de vaines théories que les grands hommes dont j'ai cité les noms en commençant, que ces rois de la science, dont je me féliciterai toute ma vie d'avoir suivi les leçons, ont consacré leur existence entière à d'immenses et magnifiques travaux. Ce n'est pas pour que ces travaux, impérissables monuments du génie humain, restassent enfouis et ignorés dans de poudreuses bibliothèques, qu'ils ont veillé tant de nuits, entrepris tant de périlleux voyages ; leur seul but a été la conquête de la vérité et le bonheur des hommes.

Ayez donc confiance en leur voix ; que ceux d'entre vous à qui leur position le permet tentent les premiers essais ; ils ne pourront qu'en retirer honneur et satisfaction.

Ce que je propose, loin d'être un fastidieux travail, n'est qu'un délassement, un simple amusement, mais un amusement dont les résultats seraient, si le succès venait à les couronner, d'une haute importance pour l'humanité.

NOTE

SUR LES ESSAIS DE PISCICULTURE

TENTÉS DANS LE CALVADOS, DANS L'EURE, DANS LE LOIR-ET-CHER ET DANS LE PUY-DE-DÔME;

Par M. DE CAUMONT.

L'Association normande, qui avait accueilli avec intérêt le rapport que je lui fis, en 1850, sur les travaux de MM. Géhin et Rémy, a distribué plusieurs des boîtes en fer-blanc que j'avais fait confectionner sur le modèle de celles dont se servent ces pisciculteurs des Vosges. Les essais qui ont été faits n'ont pas répondu à ce qu'on en espérait; ainsi, à Mortain, comme chez moi, à Vaux-sur-Laizon, les eaux troublées par les pluies d'hiver ont déposé très-vite dans les boîtes un précipité de vase qui a couvert et fait pourrir les œufs fécondés. Si, dans les eaux extrêmement rapides des Vosges et coulant sur le granit, à la Bresse, ces dépôts vaseux ne se sont pas faits dans les boîtes, cela se conçoit; mais, dans nos rivières de la Basse-Normandie, les faits que j'annonce se sont produits. Il vaut donc mieux, quand les lieux le permettent et que les eaux ne sont pas trop fortes, se servir de corbeilles ou de paniers découverts qui permettent de voir les œufs et même de les nettoyer : c'est ce que conseille cette année M. Coste, qui m'a montré, il y a peu de jours, au collége de France, plusieurs milliers de saumons, nés dans de petites corbeilles ingénieusement disposées, ou sur des claies d'osier.

Si je n'ai pas réussi sur la truite, à cause des précipités vaseux qui se font dans les eaux du Laizon, à l'endroit où il passe dans mon parc, j'ai pu obtenir la multiplication de la perche avec une grande facilité. Il est vrai qu'en même temps que je déposais sur les herbes, *et non dans des boîtes*, les œufs fécondés de ce poisson, j'ai mis quelques individus des deux sexes dans mes réservoirs, et je ne sais si la multiplication a été le résultat de la fécondation artificielle ou naturelle : toujours est-il que maintenant j'ai beaucoup de perches dans mon étang, et que ce poisson y paraît bien acclimaté.

Dans le département de l'Orne, aux environs d'Ecorches, on a, m'a-t-on dit, obtenu de bons résultats de la fécondation artificielle.

Dans l'Eure, on s'est occupé de pisciculture. Voici ce que nous écrit à ce sujet M. Raymond Bordeaux, inspecteur divisionnaire de l'Association.

« M. Géhin est venu dans le département et a parcouru les bords de l'Eure, de l'Iton, de l'Avre et de la Risle ; il a indiqué la pratique de son procédé, puis est allé visiter le département d'Eure-et-Loir. Quelques amateurs, initiés par lui, ont tenté d'opérer ; mais l'opération paraît n'avoir pas très-bien réussi de leur part. L'élève le plus distingué formé par M. Géhin est M. Dantard, régisseur d'usine à Courteilles, près Verneuil, qui a lancé dans l'Avre bon nombre de truites écloses dans ses appareils.

» M. le préfet de l'Eure a, de son côté, inséré au *Recueil officiel des actes administratifs* deux circulaires, pour recommander le procédé Géhin. Puis, ce qui est plus efficace pour la propagation du poisson, il a modifié l'ancien arrêté sur le faucardement des rivières, qui avait été surtout la cause de la dépopulation de la race aquatique; et aujourd'hui, au lieu de curer les cours d'eau à vif fond et d'extirper radicalement les herbes, on devra laisser un sixième du lit en-dehors du faucardement, afin qu'il reste sur les rives deux lisières de roseaux.

» Mais je crains fort que ce remède ne soit insuffisant. Les ponts et chaussées ont détruit le poisson dans le département de l'Eure bien plus que tous les braconniers, en faisant sans cesse répéter des curages intempestifs qui grèvent les riverains de frais considérables, et qui n'ont d'autre utilité que de servir de prétexte aux honoraires que les ingénieurs prélèvent et de fournir de l'ouvrage aux ouvriers paresseux et ivrognes que les cultivateurs ne veulent pas employer. La pisciculture est impossible si, dans les chaleurs de l'été, tous les deux ou trois ans, on met le lit des rivières à sec, en jetant les eaux dans les prairies, ou si, quand la masse d'eau est considérable, on en abaisse le niveau tellement que tout le poisson gros et petit peut être pris à la main. Dans les moments de curage, malgré les efforts des propriétaires riverains, le poisson est mis au pillage; les réglements sur la pêche ne sont plus observés, les engins les plus destructeurs sont employés, et, bien plus, on jette dans les tronçons de rivière, où l'eau est arrêtée, de la chaux pour étourdir le poisson et faire sortir les anguilles. Si on n'a pas recours à ces moyens extrêmes, le poisson périt par suite de la stagnation et de l'échauffement des flaques d'eau. On détruit ainsi, non-seulement les espèces directement profitables, mais aussi les petites espèces qui servent à la nourriture des grosses. L'écrevisse est surtout atteinte d'une manière plus grave encore que le poisson proprement dit, parce qu'elle ne suit pas comme les poissons le retrait des eaux, qu'elle ne se réfugie pas dans les portions non mises à sec, mais bien dans des trous où elle périt, si l'eau n'est pas de suite rendue à son cours. C'est ainsi que les écrevisses ont à peu près disparu de la Risle supérieure, où il y a vingt ans elles étaient en nombre énorme.

» Certaines industries ont été aussi funestes au poisson. Ainsi, les épingliers de Rugles jettent dans la Risle l'acide sulfurique qui a servi à décaper leurs épingles, et le sulfate de cuivre charge les eaux. A Bernay, la truite a disparu de la Carentonne, depuis que le procédé Berthollet a été introduit pour le blanc des toiles ; les blanchisseurs jettent leurs chlorures dans cette petite rivière, et la truite ne remonte plus au-delà de Serquigny, où la Carentonne se jette dans la Risle.

» M. Dantard a montré le procédé Géhin à M. Alexis Chevallier, huissier de la préfecture et préparateur du cabinet d'histoire naturelle de la Société de l'Eure. M. Chevallier a essayé de faire éclore des truites dans le bassin du jardin de la préfecture; mais il m'a dit qu'il avait de grands doutes sur la réussite. En ce moment, beaucoup d'œufs blanchissent et se putréfient.

» M. Chevallier espère cependant en voir éclore quelques-uns. Dans un mois, il opérera sur des poissons rouges, le temps de la truite étant passé. Son frère a, l'an dernier, fait des essais sans succès chez M. Ant. Passy, à Gisors.

» Gisors est sur l'Epte. Je ne sais si quelqu'un a essayé dans la rivière d'Andelle.

» Il est possible que le peu de réussite dans le bassin de

la préfecture tienne à la nature de l'eau, qui n'est sans doute pas assez vive. M. Chevallier a soin de laver ses boîtes; mais le bassin n'est alimenté que par un mince filet d'eau et se trouve d'ailleurs très-ombragé. Je crois que l'on eût mieux réussi, si l'on eût opéré sur la carpe; mais il paraît que tous les essais faits dans ce département ont eu lieu sur la truite. »

(Extrait de la lettre de M. Bordeaux.)

On voit que les expériences ne sont guère plus avancées dans l'Eure que dans le Calvados. Tout le monde a lu, dans les journaux de Paris, les intéressantes communications de M. Coste à l'Académie des sciences sur la pisciculture. On a vu comment, avec des procédés aussi simples qu'ingénieux, M. Coste a fait naître au collége de France, dans de simples augets, alimentés par un filet d'eau venant d'Arcueil, des centaines de saumons et de truites. La plus grande difficulté est de les élever après leur éclosion, jusqu'à ce qu'ils puissent être confiés à des réservoirs plus considérables, et enfin aux rivières ou aux grands étangs.

M. Coste nous dira, sans doute, après quelques expériences nouvelles, ce qu'il regarde comme le meilleur à faire pour conduire à bien ces *énormes couvées de petits poissons*.

M. le marquis de Vibraye, homme très-instruit, excellent observateur, possesseur d'un immense domaine à Cheverny, près Blois, n'a rien négligé pour améliorer la condition agricole du pays qu'il habite. Le château de Cour-Cheverny et les plantations considérables de M. de Vibraye sont parfaitement connus de tous ceux qui ne restent pas étrangers au mouvement sylvicole, qui anime, depuis quelques années, les propriétaires éclairés. Mais tout le monde ne sait pas encore que M. de Vibraye a fait des expériences en pisciculture, et je suis heureux de pouvoir reproduire la lettre, pleine d'intérêt, que m'écrivait dernièrement à ce sujet mon savant confrère de l'Institut des Provinces.

Lettre de M. DE VIBRAYE.

« Depuis plusieurs années, je me suis imposé la tâche de contribuer pour ma quote-part à la régénération de la Sologne : me trouvant sur les confins de cette contrée, si longtemps dédaignée, j'ai cru que ma position des plus indépendantes me faisait un devoir de m'occuper d'une manière moins égoïste que ne le comporte ordinairement l'amélioration d'une propriété privée. J'ai voulu me livrer à des expériences, et m'efforcer d'étudier pratiquement quelques-unes de ces théories qui servent plus à la réputation de ceux qui les préconisent qu'à l'amélioration du sol, ou de la position des pauvres habitants de la contrée.

» J'ai d'abord pensé que, la population ne suffisant pas, quant à présent, à la surface du sol à cultiver convenablement, il fallait utiliser celui-ci d'une autre manière, et restreindre la culture pour la rendre meilleure. J'ai donc fait de grandes plantations pendant un certain nombre d'années, sans y renoncer pour l'avenir ; je poursuis mes expériences d'acclimatation sur une assez grande échelle, comme vous avez pu en juger vous-même lors de la visite que vous m'avez faite en 1851. Mais, après avoir défriché ou vu défricher, en Sologne, de nombreuses bruyères, desséché des étangs, assaini des marécages par de nombreux écoulements et fait ou vu faire nombre d'autres travaux pour l'amélioration du sol et l'assainissement de la contrée, il m'a été démontré que nous aurions toujours des eaux en abondance : le boisement et les canaux projetés par le gouvernement nous en donneront encore. Dès lors il importait de les utiliser, dans le présent comme dans l'avenir ; j'ai donc songé, depuis quelques années déjà, à me mettre à l'œuvre. Un article de M. de Quatrefage m'a complètement déterminé à mettre à exécution mes projets d'éclosion. Ce n'est pas Géhin (auquel je rends toute justice pour son esprit d'observation, son zèle, son désintéressement et ses incontestables succès) qui m'a initié aux pratiques de la pisciculture, mais bien le comte de Goldstein, qui écrivait sur ce sujet en 1757, et dont le Mémoire est reproduit dans le Traité général des pêches de Duhamel du Monceau : c'est encore dans un discours de Lacépède (suites à Buffon) que j'ai trouvé la pratique de la fécondation artificielle et le thème en quelque sorte textuel de ce que m'a dit Géhin, et de ce qui a été reproduit dans les plus récents Mémoires. J'avais donc tenté quelques essais avant d'avoir vu Géhin, M. Milne-Edwards et M. Coste. M. de Quatrefage m'avait complété verbalement, à la suite de nos Congrès, les renseignements puisés dans ses Notices ; et si j'ai eu à m'applaudir ultérieurement des rapports que j'ai pu établir avec ces autres messieurs, je ne les ai entretenus de pisciculture qu'après avoir tenté de premiers essais, infructueusement, il est vrai, mais uniquement par suite de la difficulté de me procurer des œufs et de les obtenir surtout dans les conditions favorables à la fécondation. Ainsi, les marchés seuls m'ont procuré mes premiers œufs ; mais jamais je ne parvenais à trouver les œufs et la laite au même degré de maturité. De plus, j'opérais ainsi sur des animaux morts, et, malgré les assertions de Goldstein, on ne réussit que rarement de la sorte. Je veux bien, comme il l'annonce, que les œufs tirés du corps d'une femelle, même en putréfaction, n'aient point perdu leur aptitude à la fécondation ; mais je doute qu'il en soit ainsi des spermatozoaires. Si les laitances étaient à maturité lors de la pêche des poissons, la partie fluide qui renferme ces animalcules a pu s'échapper au dehors. Si la laitance n'est pas à maturité, ils n'ont point encore reçu le mouvement nécessaire à la fécondation ; si la laitance est trop vieille, la fluidité disparaît, et les spermatozoaires cessent de se mouvoir par cette cause ; j'oserais presque dire qu'ils sont morts.

» Enfin, j'avais à lutter contre l'envahissement du chevelu des conferves, amenés par l'eau dans mes appareils grossièrement fabriqués d'après la description du comte de Goldstein et de Lacépède ; mais encore ces appareils en plein air étaient sans cesse dérangés et altérés par les curieux, j'aime à le croire, plutôt que par les malveillants. C'est alors que j'ai cherché à me mettre, par l'entremise de M. Milne-Edwards, en rapport avec Géhin, qui m'a livré, au commencement de 1852, une boite renfermant quelques œufs d'ombres-chevaliers, de qualité douteuse. De plus, cette boîte de ferblanc a été en partie brisée par des curieux, à coups de pierres, parce qu'ils n'avaient pu l'ouvrir à cause d'un cadenas qui la fermait. Rien n'a donc éclos au commencement de 1852. Je me suis alors décidé à faire construire un pavillon dans lequel j'ai fait passer une source, et c'est dans cet établissement, fait avec tout le soin, j'allais presque dire toute la recherche possible, que j'ai voulu tenter mes premiers essais vraiment sérieux. Mais la difficulté de se procurer des œufs bien fécondés s'est encore présentée, et je dois avouer que, malgré les renseignements les plus minutieux et après avoir frappé à toutes les portes, même à celle du ministère de l'intérieur, je n'ai pu rien obtenir. J'ai cru pouvoir m'adresser à un fournisseur d'œufs fécondés, qui, moyennant finance, eût dû me pourvoir honnêtement; mais, après 100 francs payés à l'avance et un mémoire de plus de 500 fr. pour 20 mille œufs qu'à la première inspection j'ai reconnus mauvais, j'ai dû faire constater leur état déplorable et faire dresser, à leur arrivée, procès-verbal par le maire.

» Je ne regarde pas les essais que j'entreprends comme *individuels*, j'entends en faire profiter tout mon département, et c'est à la suite d'une lettre écrite à la préfecture, où je parlais des résultats que devaient obtenir la pisciculture et la fécondation artificielle pour le repeuplement de nos cours d'eau, que le Conseil général a manifesté le vœu de voir faire les premiers essais, et m'a prié de surveiller et de diriger au besoin les premières tentatives. J'ai répondu que, ces essais, je prétendais les faire à mes risques et périls, sans la subvention, bien entendu, que mes anciens collègues avaient cru devoir voter pour cet objet; et, simple *particulier*, j'ai tenu parole, et j'ai triomphé des obstacles et des mauvais vouloirs; car on m'avait observé qu'il ne fallait pas que les efforts fussent *incohérents*. J'avais entendu, dans telle autre circonstance, échapper cette inconcevable parole : *Contentez-vous d'être propriétaire, et laissez-nous au moins la science!...* Comme si nous pouvions consentir, au XIXe siècle, à nous glorifier de notre ignorance et à revendiquer comme autrefois l'étrange privilége de ne savoir signer notre nom, vu notre qualité de gentilshommes (1).

» J'ai reçu de Géhin, cette année, 18 œufs de bonne qualité, 11 de truite et 7 d'ombres-chevaliers. Je dois à l'obligeance de M. Coste 150 saumons éclos au collége de France ; mais qu'est-ce donc que ces munificences en faveur d'un établissement où j'ai la prétention de faire éclore 300,000 œufs !

» Voyant que les secours me manquaient, je me suis fait moi-même pêcheur de truites et *fécondateur*, et les résultats ont été pleinement satisfaisants. Tous les œufs de truite fécondés et rapportés par moi ont parfaitement éclos, à l'exception de 45, dont les uns n'avaient peut-être pas été fécondés, ou bien avaient été gâtés par le contact de la partie non liquéfiée de la laitance ; ce dont il faut les préserver avec grand soin, car ils blanchissent et deviennent opaques instantanément.

» J'ai donc en ce moment, dans mes bassins, environ 2,000 truites seulement, n'ayant jugé nécessaire de me pourvoir que sur la fin du frai ; mais, à l'automne, je compte faire creuser des bassins d'eau vive exclusivement destinés à l'éducation de mes jeunes élèves, de mes nouveaux hôtes, car jamais la truite n'avait peuplé les eaux de Cheverny.

(1) M. de Vibraye, membre de l'Institut des provinces, un des plus grands propriétaires fonciers de France, soutient avec honneur le fardeau d'un grand nom. Il s'est fait une place honorable dans la société par sa vertu, son savoir, ses travaux désintéressés sur la géologie et l'agriculture ; il a été couronné par plusieurs académies et a rendu d'importants services à son pays. Il rendra bien d'autres services encore. (*Note de M. de Caumont.*)

» Ne me fiant désormais, et jusqu'à nouvel ordre, à personne, j'irai moi-même, très-probablement, chercher des œufs de saumon sur les confins de la Suisse, et ceux de la grande truite des lacs, à Genève ; plus tard, elle pourrait bien être appelée à peupler ceux des étangs de Sologne, alimentés par des sources vives, ou ceux encore dont les eaux reposent sur un sol exclusivement siliceux, comme les sables du Diluvium, qui recouvrent une grande partie du plateau de la Sologne. J'irai peut-être encore jusqu'au lac de Goladru, dans le Dauphiné, pour en rapporter l'ombre-chevalier, en attendant l'époque où je pourrai joindre à ces premières expériences, sur nos espèces indigènes, de nouvelles races qui nous manquent. C'est ainsi que, dans les lacs du Salzbourg, notamment le Konig-sec, le Wollgong-sec, l'Eben-sec ou lac de Greninden, on rencontre un poisson du genre saumon, bien supérieur à la truite, recherché même dans la localité dont il est originaire, et que les Allemands nomment *saubling*.

» Enfin, la pisciculture est encore dans l'enfance ; c'est une voie nouvelle et féconde dans laquelle nous allons entrer, et je souhaite à sa prospérité la division des efforts au lieu du monopole, n'en déplaise à certains ingénieurs qui me regardent de travers, pour oser empiéter sur le domaine de leur monopole, sans être entré *in docto corpore*. Un ingénieur *tout jeune, et qui n'avait rien vu,* s'étonnait naguère de mon audace !

» Que voulez-vous ? j'avais élevé la voix, je voyais ces messieurs se *partager* la France, et le jeune ingénieur, pisciculteur en perspective, demandait la concession de la Loire, comme d'autres réclament de gros traitements pour les améliorations dont ils ne font que les études et les projets! Ils sont ainsi bien sûrs de n'être jamais arrêtés par les obstacles inséparables de la pratique.

» J'aurai plus tard à vous entretenir, si cela peut vous intéresser, de la suite de mes expériences. L'an dernier, du 12 au 16 avril, j'ai fait venir de Nantes, pour empoissonner nos étangs, de la *montée* d'anguilles, et j'ai confié à nos eaux environ 2,800,000 petits êtres, dont j'ai retrouvé quelques-uns huit mois plus tard; leur taille avait décuplé. Mais je ne puis constater un résultat quelque peu concluant que lorsque j'aurai devant moi trois années d'expériences et d'études, et je m'empresserai de rendre compte de ces résultats, soit à l'Association normande, soit à l'Institut des provinces, suivant que vous me recommanderez l'une ou l'autre voie de publicité! »

(Extrait de la lettre de M. de Vibraye.)

Ecoutons maintenant un autre membre de l'Institut des provinces, M. le comte de Pontgibaud. La lettre que je reçois de cet honorable confrère n'est pas moins intéressante que celle de M. le marquis de Vibraye; la voici.

« Au temps de nos aïeux, lorsque la marée arrivait rarement et difficilement au centre de la France, les truites saumonées de Pontgibaud étaient en grand renom; si bien qu'il *souffisayt*, au rapport d'un chroniqueur, gastronome apparemment, *d'en avoyr tant seulement tasté une foys en sa vie, pour en garder le reste durant bonne et joyeuse memoyre.* — Elles sont encore aujourd'hui, *dans le pays d'Auvergne*, en possession du sceptre des eaux vives; mais la révolution de 1848, qui donna à plus d'une tête couronnée *si rude besoigne*, pensa leur être funeste, sans doute à cause de leurs antécédents quelque peu aristocratiques.

» La pêche de l'étang de Péchadoire, qui les produit, était tous les deux ans retenue d'avance, au prix de 10 fr. le kilogramme, pour la table de S. A. R. Mme Adélaïde d'Orléans, pendant son séjour habituel au château de Randan.

» La pêche n'avait point eu lieu en 1847, et, après février 1848, en Auvergne, pas plus qu'ailleurs, on ne songeait guère à faire *nopces et festins*. Les eaux thermales du Mont-Dore étaient peu fréquentées, de telle sorte que les truites n'avaient jamais peut-être aussi abondamment peuplé les anfractuosités de leur bassin volcanique. C'était merveille de les voir, l'année d'après, sillonnant de leurs bandes zébrées l'azur du petit lac, à travers lequel on ne distingue, en temps ordinaire, qu'un petit nombre de promeneuses, courant leurs bordées ou s'épanouissant au soleil. En présence d'un tel approvisionnement, mes amis et voisins auraient eu le droit de se plaindre, si je n'eusse prélevé une dîme en leur faveur. Mais quel ne fut pas leur désappointement et le mien, en reconnaissant que les fameuses truites avaient perdu leur haut goût et jusqu'à leur ancienne forme! La chair en était devenue molle et glutineuse; leur corps s'était effilé et leur tête semblait avoir grossi à proportion.

» La dégénérescence des truites de Pontgibaud était un évènement dans le monde gastronomique. Un mois durant, je m'appliquai à reconnaître la cause de cette véritable épidémie icthyologique, et j'appelai à mon aide toutes les traditions et toutes les lumières locales. Nous fûmes tentés d'abord de l'attribuer à l'influence chimique que pouvaient exercer quelques eaux venues des fonderies où se pratiquait alors le débourbage des minerais argentifères; j'avais même résolu, pour y obvier, de faire pratiquer, sur une grande longueur, un canal de décharge destiné à donner à ces eaux un écoulement direct vers la Sianle. Les pêcheurs de la rivière affirmaient qu'une nuée chargée de gaz délétère avait suivi le cours de la Sianle. A l'appui de leur assertion, ils montraient les cimes des grands aulnes qui bordent la rive, desséchées, disaient-ils, en une nuit, sur une longueur de plus de 6 kilomètres. J'avais donc le choix entre ces deux influences également pernicieuses, mais dont l'une pouvait être permanente et l'autre purement accidentelle.

» Sur ces entrefaites, nous nous avisâmes de considérer attentivement les herbes aquatiques qui tapissent le rocher de l'étang. C'est une espèce de varech d'eau douce, ordinairement chargé d'une myriade de petites crevettes, qui servent de pâture aux truites saumonées. Nous fûmes étonnés de n'en compter qu'un fort petit nombre. La conclusion était indiquée. — Le dépérissement du poisson était le résultat direct et nécessaire de sa multiplication très-abondante, et c'était par inanition que mes belles truites n'avaient plus que la peau sur les arêtes.

» L'origine du mal une fois déterminée, il devenait urgent d'y remédier. Je fus alors informé qu'un ancien maître d'hôtel de M. de Chazerat (intendant d'Auvergne avant la Révolution de 89), élevait, dans les environs de Riom, des truites dans un vivier, et les nourrissait avec des grenouilles. Par ce procédé, il leur faisait acquérir en peu d'années un poids moyen de 6 à 7 livres; elles étaient courtes, rondes et chargées de graisse. Cette alimentation, praticable sur une petite échelle et pour le divertissement d'un amateur, ne pouvait recevoir son application dans nos montagnes, infiniment moins riches en grenouilles. — Un autre exemple vint à propos me tirer d'embarras.

Près de Royat, un digne curé, dont je regrette de ne pouvoir citer le nom, ayant eu l'idée d'expérimenter les effets de l'alimentation artificielle, divisa la petite rivière qui traversait son jardin en trois compartiments à clairevoie. Il déposa dans chacun d'eux des truites d'un poids semblable. Dans le premier, elles vécurent abandonnées à elles-mêmes ; dans le deuxième, nourries au grain, et dans le troisième avec de la viande. Cette dernière méthode donna le résultat le plus satisfaisant. L'année révolue, les truites nourries avec des déchets de boucherie avaient acquis un poids double de celles qui n'avaient reçu aucune distribution, et pesaient un tiers de plus que leurs pareilles, nourries avec de l'orge et du pain.

» Je me hâtai donc de conclure avec les bouchers de la ville un accommodement par lequel ils s'engageaient à me livrer, toutes les semaines, moyennant 10 centimes le kilog., le sang, les tripes et les poumons des animaux abattus. Le sang, coagulé par la cuisson dans une chaudière, forme une espèce de boudin épais et consistant, qu'on divise ensuite à la main ou avec une spatule, par morceaux de 4 ou 5 centimètres carrés. Quant à tout le reste, on le jette dans l'eau, sans aucune préparation, en ayant soin d'observer de quel côté le vent souffle, afin de faire voyager la provende aussi loin que possible, au milieu de l'étang ; car tous les chiens affamés du pays s'y donnent volontiers rendez-vous pour y exercer le droit, sans doute, de *franche lippée*.

» Après la première année d'expérimentation, nous eûmes la satisfaction d'en reconnaître les bons effets. La majeure partie du poisson s'était sensiblement améliorée. Cependant un petit nombre demeurait encore atteint de cette espèce de gastrite aiguë, qu'un trop long jeûne avait sans doute fait passer à l'état *chronique* ; mais la fermeté et la bonne couleur de la chair, aussi bien que la vivacité des mouvements, attestaient dans l'hygiène de cette infirmerie aquatique une amélioration notable.

» Il est superflu d'ajouter qu'elles sont aujourd'hui revenues à l'état normal. On remarquait encore, l'an dernier, ces inégalités dans l'engraissement. Nous avons cependant acquis la certitude que toutes les substances alimentaires étaient bien mises à profit. Celle que le poisson semble rechercher de préférence est le sang coagulé. Les tripailles sont consommées ensuite, et les poumons ne le sont qu'en dernier lieu, peut-être à cause de leur tendance à demeurer à la surface de l'eau. La transparence des eaux permet de les voir se disputant les longs boyaux qu'elles entraînent souvent derrière elles par une fuite précipitée. Ce qui prouve encore mieux qu'elles se trouvent pourvues à leur gré, c'est qu'on ne les voit plus, comme autrefois, par des sauts rapides, chercher à atteindre les insectes ailés qui voltigent à la surface de l'étang. Le travail de la digestion les rend, au contraire, lourdes et pacifiques.

» Pour être complète, l'étude de l'engraissement des truites demanderait un tableau comparatif de l'accroissement du poids. Nous ne pourrions le déterminer d'une manière précise qu'en limitant nos observations à un certain nombre de poissons porteurs de signes particuliers ; et, à ce propos, nous consignerons ici plusieurs observations qui se rattachent naturellement à la monographie de l'étang de Péchadoire. On ne l'assèche point pour la pêche ; c'est au moyen d'une grande seine, traînée par un beau soleil, qu'on prélève le tribut annuel, qui est aussitôt déposé dans un vivier construit à cet effet, et dont nous aurons peut-être lieu de donner plus tard la description. Trois ou quatre coups de filet suffisent ordinairement pour amener au bord 100 ou 125 kilog. de poisson. Les plus grosses truites ont l'adresse de se dérober à ce péril, soit en gagnant de vitesse la marche du réseau qui les enveloppe, soit en enfonçant leur tête dans les herbes aquatiques ou dans la vase. Les pêcheurs les plus habiles ont vainement essayé de les prendre à *la ligne* ou à *l'épervier*. Les filets à contre-maille sont les seuls qui puissent être utilement appropriés à cette pêche. L'époque du frai, au lieu d'être en mars et en avril, comme dans les rivières, commence en octobre pour finir en novembre.

» Il y a 25 ans, les truites n'y frayaient point. Les uns attribuaient cette singularité à d'anciens croisements opérés entre le saumon et la truite, qui auraient produit des métis incapables de reproduction. D'autres ont pensé que la construction d'un *frayoir* et l'insinuation des truites de la rivière parmi les indigènes avaient pu opérer dans leurs mœurs cette modification importante. Je dois consigner, à ce sujet, une remarque qui donnerait du poids à la première conjecture. En 1835, parmi les plus grosses truites, nous en avons vu encore quelques-unes que les pêcheurs du pays désignaient sous le nom de *bécars*, et qui différaient dans leur ensemble, et surtout par la forme de la tête, de celles qu'on pêche actuellement. Parmi celles-ci, il est aisé de distinguer celles qui sont originaires de l'étang. Celles qui proviennent de la rivière, et qu'on y jette encore jeunes pour qu'elles y profitent en grosseur et en qualité, ont la peau mouchetée et la chair moins rouge, à moins qu'elles n'aient fait dans ces eaux, d'une frigidité extrême, un séjour de plusieurs années. Les indigènes sont remarquables par une teinte très-foncée ; elles ont le dos marqué de zébrures rapprochées, et leur chair est, dès le jeune âge, souvent plus colorée que celle du saumon.

» L'engraissement artificiel par les substances animales ne paraît en aucune manière en avoir altéré la saveur. D'ici à quelques années, nous trouverons encore le moyen de perfectionner, par la variété des substances alimentaires, cet engraissement artificiel dont les premiers essais ont déjà donné les meilleurs résultats, qui expliquent comment, aux yeux des anciens, Asinius Pollion a pu être justifié d'avoir fait jeter ses esclaves aux Murènes. »

(Extrait de la lettre de M. le comte de Pontgibaud.)

Nous remercions M. le comte de Pontgibaud de nous avoir fait connaître le résultat de ses expériences sur l'engraissement des truites. On sait, dès ce moment, que la truite, nourrie abondamment avec de la viande *(le foie de bœuf lui convient parfaitement)*, acquiert promptement des dimensions considérables, et jusqu'à douze livres, d'après ce que m'a affirmé un honorable magistrat de la Haute-Marne, qui en a fait plusieurs fois l'expérience.

Avant que d'autres expériences soient terminées et que j'aie pu faire connaître le résultat de celles que je vais entreprendre dans le même but, en plaçant les truites dans les mêmes conditions que *les poulets dans les cages*, c'est-à-dire en les renfermant dans des boîtes flottantes à clairevoie, comme je l'ai vu faire près de Luchon, dans les Pyrénées, et leur donnant une nourriture abondante, je recommande la perche comme très-facile à multiplier dans toutes nos eaux : c'est peut-être l'espèce qu'il y aurait le plus d'avantage à élever dans nos petits étangs, si elle pouvait y être nourrie artificiellement.

Très-certainement, à la fin de cette année, j'aurai des résultats à faire connaître sur l'engraissement du poisson, qui n'est pas moins important à pratiquer que sa multiplication. Je vais faire établir dans ce but, à Vaux-sur-Laizon, quatre bassins, qui me permettront de faire des expériences plus suivies que je ne l'ai pu jusqu'ici.

(Extrait de l'Annuaire normand pour 1854).

Caen, Delos, Imp. de l'Association, cour de la Monnaie.

www.ingramcontent.com/pod-product-compliance
Ingram Content Group UK Ltd.
Pitfield, Milton Keynes, MK11 3LW, UK
UKHW022113170726
13837UKWH00003B/1191

9 782329 214450